珠算习题集（第二版）

● 杨国瑞　陶漱泉　编

立信会计出版社
LIXIN ACCOUNTING PUBLISHING HOUSE

图书在版编目(CIP)数据

珠算习题集/杨国瑞,陶漱泉编. —2版. —上海:
立信会计出版社,1987.10(2024.8重印)
(立信财经丛书)
ISBN 978-7-5429-0078-4

Ⅰ.①珠… Ⅱ.①杨… ②陶… Ⅲ.①珠算-习题集
Ⅳ.①O121.5-44

中国版本图书馆 CIP 数据核字(2022)第 153585 号

珠 算 习 题 集(第二版)

ZHU SUAN XI TI JI

出版发行	立信会计出版社			
地　　址	上海市中山西路 2230 号	邮政编码	200235	
电　　话	(021)64411389	传　　真	(021)64411325	
网　　址	www.lixinaph.com	电子邮箱	lixinaph2019@126.com	
网上书店	http://lixin.jd.com	http://lxkjcbs.tmall.com		
经　　销	各地新华书店			
印　　刷	苏州市古得堡数码印刷有限公司			
开　　本	787 毫米×1092 毫米　　1/16			
印　　张	17.25			
字　　数	427 千字			
版　　次	1987 年 10 月第 2 版			
印　　次	2024 年 8 月第 41 次			
书　　号	ISBN 978-7-5429-0078-4/F			
定　　价	38.00 元			

如有印订差错,请与本社联系调换

编 写 说 明

珠算是以算盘为工具进行的一种数的计算方法,它是我国劳动人民在长期生产实践中创造的科学宝贵遗产之一。目前,广大财经工作人员,为了全面开创社会主义现代化建设的新局面,加强企业管理,正在认真学习有关财经专业知识,努力提高工作效率。现阶段,珠算是我国使用得最多的计算工具之一;熟练掌握珠算技能,是财经工作人员必不可少的一项基本功。

为了更好地发挥珠算技术在国民经济中的作用,适应财经院校、职业班、训练班培养财经人员和从事经济工作人员自学需要,我们编写了这本《珠算习题集》。

本习题集命题力求由简到繁,循序渐进,共有练习题263个(可活页使用),适用于课堂教学练习及课外练习。其中包括九个部分:(1)加法练习题;(2)减法练习题;(3)加减练习题;(4)乘法练习题;(5)除法练习题;(6)乘除练习题;(7)四则练习题;(8)珠算技术等级鉴定模拟题;(9)应用练习题。(1)~(6)部分均附有测定题。每个测定题及珠算技术等级鉴定模拟题,均订有练习参考时间,以便读者自行测定成绩,逐步提高熟练程度,达到既准又快的标准。

在编写本习题集过程中,得到很多单位的会计、统计工作同志和财经院校的教师热情支持和帮助,提供了不少宝贵意见和资料。还有,任建瑾同志帮助整理了资料。对此,我们表示感谢。

我们编写这本习题集是新的尝试,难免存在缺点和不足之处,欢迎读者提出意见,以便改进。

编 者

目 录

第一部分	加法练习题(1-1)～(1-42) ……………………………………………	1
	加法测定题(1-43)～(1-44) ……………………………………………	39
第二部分	减法练习题(2-1)～(2-42) ……………………………………………	41
	减法测定题(2-43)～(2-44) ……………………………………………	83
第三部分	加减练习题(3-1)～(3-30) ……………………………………………	85
	加减测定题(3-31)～(3-34) …………………………………………	110
第四部分	乘法练习题(4-1)～(4-34) …………………………………………	114
	乘法测定题(4-35)～(4-36) …………………………………………	148
第五部分	除法练习题(5-1)～(5-32) …………………………………………	150
	除法测定题(5-33)～(5-34) …………………………………………	182
第六部分	乘除练习题(6-1)～(6-30) …………………………………………	184
	乘除测定题(6-31)～(6-32) …………………………………………	214
第七部分	四则练习题(7-1)～(7-10) …………………………………………	216
第八部分	珠算技术等级鉴定模拟题(8-1)～(8-24) …………………………	236
第九部分	应用练习题(9-1)～(9-5) ……………………………………………	261

分号	1-1
总号	1

第 一 部 分

加法练习题一

班级＿＿＿＿
姓名＿＿＿＿
学号＿＿＿＿

要求持笔反复拨算下列各题，注意拨珠指法。

(1)　　223,114
　　　＋121,320

(2)　　122,342
　　　＋321,102

(3)　　321,123
　　　＋122,221

(4)　　113,503
　　　＋442,052

(5)　　341,234
　　　＋214,321

(6)　　431,223
　　　＋124,332

(7)　　543,124
　　　＋442,431

(8)　　342,223
　　　＋533,322

(9)　　505,706
　　　＋505,304

(10)　　404,507
　　　＋606,503

(11)　　567,765
　　　＋678,878

(12)　　678,867
　　　＋675,756

(13)　　987,654
　　　＋432,378

(14)　　654,312
　　　＋378,697

(15)　　434,424
　　　＋442,443

(16)　　434,348
　　　＋234,453

(17)　　434,443
　　　＋897,678

(18)　　989,789
　　　＋143,034

(19)　　567,765
　　　＋986,947

(20)　　383,383
　　　＋151,551

珠算习题集　1

分 号	1-2
总 号	2

加法练习题二

班级 _____
姓名 _____
学号 _____

要求持笔反复拨算下列各题，注意拨珠指法。

(1)　　332,243
　　　＋112,202

(2)　　311,431
　　　＋133,013

(3)　　212,313
　　　＋231,131

(4)　　313,421
　　　＋242,134

(5)　　243,003
　　　＋312,552

(6)　　143,323
　　　＋412,232

(7)　　383,383
　　　＋838,838

(8)　　919,199
　　　＋191,911

(9)　　232,899
　　　＋989,323

(10)　　464,644
　　　＋646,466

(11)　　292,992
　　　＋929,229

(12)　　377,773
　　　＋733,337

(13)　　828,228
　　　＋282,882

(14)　　111,222
　　　＋898,798

(15)　　333,444
　　　＋677,893

(16)　　555,666
　　　＋489,678

(17)　　777,888
　　　＋456,654

(18)　　999,000
　　　＋476,896

(19)　　876,678
　　　＋234,662

(20)　　496,487
　　　＋632,344

分号	1-3
总号	3

加法练习题三

班级＿＿＿＿
姓名＿＿＿＿
学号＿＿＿＿

序号	一	二	三	四	五	六	七	八	九	十	合 计
1	107	208	309	401	502	603	704	805	906	105	
2	719	821	932	143	254	365	476	587	698	328	
3	458	569	671	782	893	914	125	236	347	472	
4	608	709	801	902	103	204	305	406	507	901	
5	235	346	457	568	679	781	892	913	124	174	
6	148	259	361	472	583	694	715	826	937	603	
7	627	738	849	951	162	273	384	495	516	537	
8	569	671	782	893	914	125	236	347	458	209	
9	309	401	502	603	704	805	906	107	208	648	
10	432	543	654	765	876	987	198	219	321	596	
11	132	243	354	465	576	687	798	819	921	481	
12	465	576	687	798	819	921	132	243	354	362	
合计											

分号	1-4
总号	4

加法练习题四

班级＿＿＿＿
姓名＿＿＿＿
学号＿＿＿＿

序号	一	二	三	四	五	六	七	八	九	十	合 计
1	4,019	5,021	6,032	7,043	8,054	9,065	1,076	2,087	3,098	2,094	
2	204	305	406	507	608	709	801	902	103	628	
3	5,398	6,419	7,521	8,632	9,743	1,854	2,965	3,176	4,287	5,239	
4	176	287	398	419	521	632	743	854	965	187	
5	1,782	2,893	3,914	4,125	5,236	6,347	7,458	8,569	9,671	2,015	
6	579	681	792	813	924	135	246	357	468	483	
7	9,236	1,347	2,458	3,569	4,671	5,782	6,893	7,914	8,125	8,194	
8	457	568	679	781	892	913	124	235	346	603	
9	306	407	508	609	701	802	901	102	203	251	
10	658	769	871	982	193	214	325	436	547	936	
11	402	503	604	705	806	907	108	209	301	547	
12	381	492	513	624	735	846	957	168	279	706	
合计											

加法练习题五

分号 1-5　总号 5

班级_____
姓名_____
学号_____

序号	一	二	三	四	五	六	七	八	九	十	合 计
1	105	206	307	408	509	601	702	803	904	368	
2	312	423	534	645	756	867	978	189	291	587	
3	2,437	3,548	4,659	5,761	6,872	7,983	8,194	9,215	1,326	1,362	
4	605	706	807	908	109	201	302	403	504	401	
5	937	148	259	361	472	583	694	715	826	952	
6	7,496	8,517	9,628	1,739	2,841	3,952	4,163	5,274	6,385	1,306	
7	408	509	601	702	803	904	105	206	307	284	
8	582	693	714	825	936	147	258	369	471	695	
9	1,635	2,746	3,857	4,968	5,179	6,281	7,392	8,413	9,524	2,478	
10	408	509	601	702	803	904	105	206	307	109	
11	916	127	238	349	451	562	673	784	895	973	
12	8,297	9,318	1,429	2,531	3,642	4,753	5,864	6,975	7,186	5,704	
合计											

加法练习题六

分号 1-6　总号 6

班级_____
姓名_____
学号_____

序号	一	二	三	四	五	六	七	八	九	十	合 计
1	2,154	3,265	4,376	5,487	6,598	7,619	8,721	9,832	1,943	7,061	
2	762	873	984	195	216	327	438	549	651	243	
3	3,047	4,058	5,069	6,071	7,082	8,093	9,014	1,025	2,036	9,056	
4	653	764	875	986	197	218	329	431	542	472	
5	1,849	2,951	3,162	4,273	5,384	6,495	7,516	8,627	9,738	1,938	
6	307	408	509	601	702	803	904	105	206	804	
7	6,812	7,923	8,134	9,245	1,356	2,467	3,578	4,689	5,791	6,437	
8	5,918	6,129	7,231	8,342	9,453	1,564	2,675	3,785	4,896	5,195	
9	56	67	78	79	81	92	13	24	35	38	
10	798	819	921	132	243	354	465	576	687	706	
11	403	504	605	706	807	908	109	201	302	812	
12	902	103	204	305	406	507	608	709	801	259	
合计											

分号	1-7
总号	7

加法练习题七

班级_____
姓名_____
学号_____

序号	一	二	三	四	五	六	七	八	九	十	合　计
1	1.79	2.81	3.92	4.13	5.24	6.35	7.46	8.57	9.68	1.35	
2	6.08	7.09	8.01	9.02	1.03	2.04	3.05	4.06	5.07	4.09	
3	21.45	32.56	43.67	54.78	65.89	76.91	87.12	98.23	19.34	20.48	
4	3.26	4.37	5.48	6.59	7.61	8.72	9.83	1.94	2.15	6.27	
5	8.47	9.58	1.69	2.71	3.82	4.93	5.14	6.25	7.36	4.85	
6	6.53	7.64	8.75	9.86	1.97	2.18	3.29	4.31	5.42	1.36	
7	17.93	28.14	39.25	41.36	52.47	63.58	74.69	85.71	96.82	17.83	
8	5.04	6.05	7.06	8.07	9.08	1.09	2.01	3.02	4.03	2.08	
9	8.39	9.41	1.52	2.63	3.74	4.85	5.96	6.17	7.28	7.31	
10	4.08	5.09	6.01	7.02	8.03	9.04	1.05	2.06	3.07	6.09	
11	10.25	20.36	30.47	40.58	50.69	60.71	70.82	80.93	90.14	25.94	
12	2.97	3.18	4.29	5.31	6.42	7.53	8.64	9.75	1.86	7.59	
合计											

分号	1-8
总号	8

加法练习题八

班级_____
姓名_____
学号_____

序号	一	二	三	四	五	六	七	八	九	十	合　计
1	6.02	7.03	8.04	9.05	1.06	2.07	3.08	4.09	5.01	7.12	
2	7.14	8.25	9.36	1.47	2.58	3.69	4.71	5.82	6.93	6.08	
3	4.82	5.93	6.14	7.25	8.36	9.47	1.58	2.69	3.71	4.19	
4	83.19	94.21	15.32	26.43	37.54	48.65	59.76	61.87	72.98	87.31	
5	9.52	1.63	2.74	3.85	4.96	5.17	6.28	7.39	8.41	6.39	
6	8.65	9.76	1.87	2.98	3.19	4.21	5.32	6.43	7.54	8.04	
7	7.03	8.04	9.05	1.06	2.07	3.08	4.09	5.01	6.02	5.92	
8	59.17	61.28	72.39	83.41	94.52	15.63	26.74	37.85	48.96	40.23	
9	5.94	6.15	7.26	8.37	9.48	1.59	2.61	3.72	4.83	7.27	
10	8.03	9.04	1.05	2.06	3.07	4.08	5.09	6.01	7.01	6.54	
11	7.24	8.35	9.46	1.57	2.68	3.79	4.81	5.92	6.13	8.05	
12	60.13	70.24	80.35	90.46	10.57	20.68	30.79	40.81	50.92	69.13	
合计											

分号	1-9
总号	9

加法练习题九

班级＿＿＿＿＿
姓名＿＿＿＿＿
学号＿＿＿＿＿

序号	一	二	三	四	五	六	七	八	九	十	合　计
1	1,497	2,518	3,629	4,731	5,842	6,953	7,164	8,275	9,386	6,391	
2	2,086	3,097	4,018	5,029	6,031	7,042	8,053	9,064	1,075	3,547	
3	5,847	6,958	7,169	8,271	9,382	1,493	2,514	3,625	4,736	4,803	
4	7,594	8,615	9,726	1,837	2,948	3,159	4,261	5,372	6,483	6,014	
5	3,082	4,093	5,014	6,025	7,036	8,047	9,058	1,069	2,071	2,308	
6	6,913	7,124	8,235	9,346	1,457	2,568	3,679	4,781	5,892	9,265	
7	5,902	6,103	7,204	8,305	9,406	1,507	2,608	3,709	4,801	7,129	
8	4,139	5,241	6,352	7,463	8,574	9,685	1,796	2,817	3,928	4,082	
9	6,380	7,490	8,510	9,620	1,730	2,840	3,950	4,160	5,270	7,846	
10	3,578	4,689	5,791	6,812	7,923	8,134	9,245	1,356	2,467	1,907	
11	1,026	2,037	3,048	4,059	5,061	6,072	7,083	8,094	9,015	6,135	
12	7,251	8,362	9,473	1,584	2,695	3,716	4,827	5,938	6,149	5,728	
合计											

分号	1-10
总号	10

加法练习题十

班级＿＿＿＿＿
姓名＿＿＿＿＿
学号＿＿＿＿＿

序号	一	二	三	四	五	六	七	八	九	十	合　计
1	620.79	730.81	840.92	950.13	160.24	270.35	380.46	490.57	510.68	401.95	
2	15.26	26.37	37.48	48.59	59.61	61.72	72.83	83.94	94.15	13.86	
3	58.07	69.08	71.09	82.01	93.02	14.03	25.04	36.05	47.06	47.08	
4	64.31	75.42	86.53	97.64	18.75	29.86	31.97	42.18	53.29	53.14	
5	72.84	83.95	94.16	15.27	26.38	37.49	48.51	59.62	61.73	90.26	
6	10.79	20.81	30.92	40.13	50.24	60.35	70.46	80.57	90.68	18.02	
7	45.12	56.23	67.34	78.45	89.56	91.67	12.78	23.89	34.91	20.79	
8	89.03	91.04	12.05	23.06	34.07	45.08	56.09	67.01	78.02	31.57	
9	18.35	29.46	31.57	42.68	53.79	64.81	75.92	86.13	97.24	26.58	
10	69.57	71.68	82.79	93.81	14.92	25.13	36.24	47.35	58.46	37.64	
11	36.08	47.09	58.01	69.02	71.03	82.04	93.05	14.06	25.07	76.89	
12	349.42	451.53	562.64	673.75	783.86	894.97	913.18	124.29	235.31	394.52	
合计											

分号	1-11
总号	11

加法练习题十一

班级_____
姓名_____
学号_____

甲题：

序号	一	二	三	四	合　计
1	2,147	4,309	1,408	3,085	
2	1,385	2,674	3,529	6,729	
3	3,709	5,182	4,906	1,305	
4	4,691	3,908	7,189	9,120	
5	5,208	1,489	2,465	7,631	
6	7,365	3,178	5,296	4,783	
7	2,094	6,059	1,874	5,269	
8	6,148	2,595	5,307	8,514	
9	7,306	7,061	3,281	9,472	
10	5,298	4,273	7,390	6,408	
合计					

乙题：

序号	一	二	三	四	合　计
1	1,258	5,401	2,509	4,096	
2	2,496	3,785	4,631	7,831	
3	4,801	6,293	5,107	2,406	
4	5,712	4,109	8,291	1,230	
5	6,309	2,591	3,576	8,742	
6	8,476	4,289	6,315	5,894	
7	3,015	7,061	2,985	6,371	
8	6,259	3,616	6,408	9,625	
9	8,407	8,072	4,392	1,583	
10	7,319	5,384	8,410	7,509	
合计					

分号	1-12
总号	12

加法练习题十二

班级_____
姓名_____
学号_____

甲题:

序号	一	二	三	四	合　计
1	2,497	1,648	8,304	4,618	
2	1,365	3,507	3,756	3,573	
3	3,078	7,829	5,423	8,431	
4	5,269	4,368	7,601	6,902	
5	4,087	5,081	2,458	9,725	
6	6,509	2,506	6,702	5,804	
7	8,417	9,413	9,583	3,802	
8	1,062	2,954	1,890	7,514	
9	3,581	3,607	2,914	6,972	
10	2,093	7,192	1,769	9,601	
合计					

乙题:

序号	一	二	三	四	合　计
1	3,508	2,759	9,405	5,729	
2	2,476	4,608	4,867	4,684	
3	4,089	8,931	6,534	9,542	
4	6,371	5,479	8,702	7,103	
5	5,098	6,092	3,569	1,836	
6	7,601	3,607	7,803	6,905	
7	9,528	1,524	1,694	4,903	
8	2,073	3,165	2,910	8,625	
9	4,692	4,708	3,125	7,183	
10	3,014	8,213	2,871	1,702	
合计					

分 号	1-13
总 号	13

加法练习题十三

班级_____
姓名_____
学号_____

甲题：

序号	一	二	三	四	合　计
1	4,316	3,295	6,538	8,751	
2	1,098	1,087	3,021	5,043	
3	4,238	3,927	6,451	8,673	
4	5,169	4,158	7,382	9,514	
5	3,285	2,974	5,417	7,639	
6	2,057	1,046	4,079	6,092	
7	7,314	6,293	9,536	2,758	
8	2,085	1,074	4,017	6,039	
9	4,697	3,586	6,829	8,142	
10	6,079	5,068	8,092	1,024	
合计					

乙题：

序号	一	二	三	四	合　计
1	5,427	4,316	7,649	9,862	
2	2,019	1,098	4,032	6,054	
3	5,349	4,238	7,562	9,784	
4	6,271	5,169	8,493	1,625	
5	4,396	3,485	6,528	8,741	
6	3,068	2,057	5,081	7,013	
7	8,425	7,314	1,647	3,869	
8	3,096	2,085	5,028	7,041	
9	5,718	4,697	7,931	9,253	
10	7,081	6,072	9,013	2,035	
合计					

珠算习题集

分号	1-14
总号	14

加法练习题十四

班级＿＿＿＿
姓名＿＿＿＿
学号＿＿＿＿

甲题：

序号	一	二	三	四	合　计
1	1,037	3,059	5,072	7,094	
2	3,258	5,471	7,693	9,825	
3	4,196	6,328	8,541	1,763	
4	9,034	2,056	4,078	6,091	
5	5,609	7,802	9,104	2,306	
6	7,283	9,415	2,637	4,859	
7	6,401	8,603	1,805	3,107	
8	4,628	6,841	8,163	1,385	
9	7,285	9,417	2,639	4,852	
10	1,579	3,792	5,914	7,236	
合计					

乙题：

序号	一	二	三	四	合　计
1	2,048	4,061	6,083	8,015	
2	4,369	6,582	8,714	1,936	
3	5,217	7,439	9,652	2,874	
4	1,045	3,067	5,089	7,012	
5	6,701	8,903	1,205	3,407	
6	8,394	1,526	3,748	5,961	
7	7,502	9,704	2,906	4,208	
8	5,739	7,952	9,274	2,496	
9	8,396	1,528	3,741	5,963	
10	2,681	4,813	6,125	8,347	
合计					

加法练习题十五

甲题:

序号	一	二	三	四	合计
1	1,508	3,701	5,903	7,205	
2	5,273	7,495	9,627	2,849	
3	2,649	4,862	6,184	8,316	
4	3,098	5,021	7,043	9,065	
5	6,185	8,317	1,539	3,752	
6	3,706	5,908	7,201	9,403	
7	4,081	6,013	8,035	1,057	
8	5,147	7,369	9,582	2,714	
9	6,934	8,256	1,478	3,691	
10	2,791	4,913	6,235	8,457	
合计					

乙题:

序号	一	二	三	四	合计
1	2,609	4,802	6,104	8,306	
2	6,384	8,516	1,738	3,951	
3	3,751	5,973	7,295	9,427	
4	4,019	6,032	8,054	1,076	
5	7,296	9,428	2,641	4,863	
6	4,807	6,109	8,302	1,504	
7	5,092	7,024	9,046	2,068	
8	6,258	8,471	1,693	3,825	
9	7,145	9,367	2,589	4,712	
10	3,812	5,124	7,346	9,568	
合计					

加法练习题十六

分号 1-16
总号 16

班级＿＿＿＿
姓名＿＿＿＿
学号＿＿＿＿

甲题：

序号	一	二	三	四	合计
1	72.68	93.81	25.13	47.35	
2	40.29	60.42	80.64	10.86	
3	15.73	37.95	59.27	72.49	
4	30.84	50.16	70.38	90.51	
5	94.76	26.98	48.21	61.43	
6	53.09	75.02	97.04	29.06	
7	24.17	46.39	68.52	81.74	
8	56.81	78.13	91.35	23.57	
9	19.06	32.08	54.01	76.03	
10	83.52	15.74	37.96	59.28	
合计					

乙题：

序号	一	二	三	四	合计
1	82.79	14.92	36.24	58.46	
2	50.31	70.53	90.75	20.97	
3	26.84	48.16	61.38	83.51	
4	40.95	60.27	80.49	10.62	
5	15.87	37.19	59.32	72.54	
6	64.01	86.03	18.05	31.07	
7	35.28	57.41	79.63	92.85	
8	67.92	89.24	12.46	34.68	
9	21.07	43.09	65.02	87.04	
10	94.63	26.85	48.17	61.39	
合计					

加法练习题十七

甲题:

序号	一	二	三	四	合 计
1	31.95	53.27	75.49	97.62	
2	10.23	30.45	50.67	70.89	
3	27.94	49.26	62.48	84.61	
4	42.18	64.31	86.53	18.75	
5	63.84	85.16	17.38	39.51	
6	95.06	27.08	49.01	62.03	
7	70.59	90.72	20.94	40.26	
8	57.08	79.01	92.03	24.05	
9	36.72	58.94	71.26	93.48	
10	41.68	63.81	85.13	17.35	
合计					

乙题:

序号	一	二	三	四	合 计
1	42.16	64.38	86.51	81.62	
2	20.34	40.56	60.78	80.91	
3	38.15	51.37	73.59	95.72	
4	53.29	75.42	97.64	29.86	
5	74.95	96.27	28.49	41.62	
6	16.07	38.09	51.02	73.04	
7	80.61	10.83	30.15	50.37	
8	68.09	81.02	13.04	35.06	
9	47.83	69.15	82.37	41.59	
10	52.79	74.92	96.24	28.46	
合计					

分号	1-18
总号	18

加法练习题十八

班级_____
姓名_____
学号_____

甲题：

序号	一	二	三	四	合　　计
1	42.89	53.91	64.12	75.23	
2	78.01	89.02	91.03	12.04	
3	86.52	97.63	18.74	29.85	
4	97.46	18.57	29.68	31.79	
5	35.02	46.03	57.04	68.05	
6	39.71	41.82	52.93	63.14	
7	61.05	72.06	83.07	94.08	
8	84.52	95.63	16.74	27.85	
9	76.43	87.54	98.65	19.76	
10	19.03	21.04	32.05	43.06	
合计					

乙题：

序号	一	二	三	四	合　　计
1	57.09	68.01	79.02	81.03	
2	30.48	40.59	50.61	60.72	
3	84.29	95.31	16.42	27.53	
4	76.08	87.09	98.01	19.02	
5	24.16	35.27	46.38	57.49	
6	19.32	21.43	32.54	43.65	
7	75.19	86.21	97.32	18.43	
8	64.83	75.94	86.15	97.26	
9	57.26	68.37	79.48	81.50	
10	31.05	42.06	53.07	64.08	
合计					

加法练习题十九

甲题：

序号	一	二	三	四	合　计
1	168,302	389,504	512,706	734,908	
2	4,658	26,871	38,193	51,325	
3	29,413	32,635	54,857	76,179	
4	38,956	51,278	73,491	95,623	
5	51,078	72,019	94,032	26,054	
6	83,756	15,178	37,391	59,523	
7	174,061	396,083	528,015	741,037	
8	24,975	6,297	8,419	1,632	
9	29,037	42,059	64,072	86,094	
10	6,204	8,406	1,608	3,801	
合计					

乙题：

序号	一	二	三	四	合　计
1	278,403	491,605	623,807	845,109	
2	5,769	27,982	49,214	62,436	
3	21,524	43,746	65,968	87,281	
4	49,167	62,389	84,512	16,734	
5	61,098	83,012	15,043	37,065	
6	94,967	26,289	48,412	61,634	
7	285,072	417,094	639,026	852,048	
8	25,186	7,318	9,521	2,743	
9	31,048	53,061	75,083	97,015	
10	7,305	9,507	2,709	4,902	
合计					

分号	1-20
总号	20

加法练习题二十

班级_____
姓名_____
学号_____

甲题:

序号	一	二	三	四	合计
1	436.19	547.21	658.32	769.43	
2	810.64	920.75	130.86	240.97	
3	621.07	732.08	843.09	954.01	
4	589.42	691.53	712.64	823.75	
5	357.23	468.34	579.45	681.56	
6	730.65	840.76	950.87	160.98	
7	104.86	205.97	306.18	407.29	
8	837.94	948.15	159.26	261.37	
9	972.85	183.96	294.17	315.28	
10	210.56	320.67	430.78	540.89	
合计					

乙题:

序号	一	二	三	四	合计
1	871.54	982.65	193.76	214.87	
2	350.18	460.29	570.31	680.42	
3	165.02	276.03	387.04	498.05	
4	934.86	145.97	256.18	367.29	
5	792.67	813.78	924.89	135.91	
6	270.19	380.21	490.32	510.43	
7	508.31	609.42	701.53	802.64	
8	372.48	483.59	594.61	615.72	
9	426.39	537.41	648.52	759.63	
10	650.91	760.12	870.23	980.34	
合计					

加法练习题二十一

分号 1-21
总号 21

班级＿＿＿＿
姓名＿＿＿＿
学号＿＿＿＿

甲题：

序号	一	二	三	四	合　　计
1	25,068	47,081	69,013	13,793	
2	34,921	56,243	78,465	70,415	
3	1,053	3,075	5,097	961,153	
4	92,486	24,618	46,831	38,642	
5	10,278	30,491	50,623	42,903	
6	75,306	97,508	29,701	70,845	
7	62,975	84,297	16,429	68,153	
8	395,486	527,618	749,831	7,029	
9	17,048	39,061	50,283	91,687	
10	46,137	68,358	81,571	82,035	
合计					

乙题：

序号	一	二	三	四	合　　计
1	36,079	58,092	71,024	24,814	
2	45,132	67,354	89,576	80,526	
3	2,064	4,086	6,018	172,264	
4	13,597	35,729	57,942	49,753	
5	20,389	40,512	60,734	53,104	
6	86,407	18,609	31,802	80,956	
7	73,186	95,318	27,531	79,264	
8	416,597	638,729	851,942	8,031	
9	28,059	40,172	60,394	12,798	
10	57,248	79,469	92,682	93,046	
合计					

加法练习题二十二

甲题：

序号	一	二	三	四	合　计
1	34,865	56,187	78,319	89,421	
2	21,461	43,683	65,815	76,926	
3	52,703	74,905	96,207	17,308	
4	93,058	25,071	47,093	58,014	
5	46,784	68,916	81,238	92,349	
6	19,203	32,405	54,607	65,708	
7	27,056	49,078	62,091	73,012	
8	16,832	38,154	51,376	62,487	
9	57,069	79,082	92,014	13,025	
10	47,981	69,213	82,435	93,546	
合计					

乙题：

序号	一	二	三	四	合　计
1	459.76	672.98	146.57	257.68	
2	325.72	547.94	240.36	350.47	
3	638.04	851.06	735.98	846.19	
4	140.69	360.82	840.23	950.34	
5	578.95	791.27	768.09	879.01	
6	213.04	435.06	134.51	245.62	
7	380.67	510.89	690.25	710.36	
8	279.43	492.65	284.09	395.01	
9	680.71	810.93	871.37	982.48	
10	581.92	713.24	915.32	126.43	
合计					

加法练习题二十三

甲题：

序号	一	二	三	四	合　计
1	481.05	613.07	835.09	157.02	
2	670.32	890.54	120.76	340.98	
3	283.64	415.86	637.18	859.31	
4	396.01	528.93	741.05	963.07	
5	128.37	341.59	563.72	785.94	
6	679.24	692.46	124.68	346.81	
7	590.13	720.35	940.57	260.79	
8	364.95	586.27	718.49	931.62	
9	487.08	619.01	832.03	154.05	
10	281.59	413.72	635.94	857.28	
合计					

乙题：

序号	一	二	三	四	合　计
1	592.06	724.08	946.01	268.03	
2	780.43	910.65	230.87	450.19	
3	394.75	526.97	748.29	961.42	
4	417.02	639.04	852.06	174.08	
5	239.48	452.61	674.83	896.15	
6	781.35	913.57	235.79	457.92	
7	610.24	830.46	150.68	370.81	
8	475.16	697.38	829.51	142.73	
9	598.09	721.02	943.04	265.06	
10	392.61	524.83	746.15	968.37	
合计					

分号	1-24
总号	24

加法练习题二十四

班级＿＿＿＿
姓名＿＿＿＿
学号＿＿＿＿

甲题：

序号	一	二	三	四	合　计
1	713,054	824,065	935,076	146,087	
2	971,526	182,637	293,748	314,859	
3	814,158	925,269	136,371	247,482	
4	602,794	703,815	804,926	905,137	
5	163,842	274,953	385,164	496,275	
6	586,509	697,601	718,702	829,803	
7	971,823	182,934	293,145	314,256	
8	460,937	570,148	680,259	790,361	
9	394,028	415,039	526,041	637,052	
10	625,307	736,408	847,509	958,601	
合计					

乙题：

序号	一	二	三	四	合　计
1	257,098	368,019	479,021	581,032	
2	425,961	536,172	647,283	758,394	
3	358,593	469,614	571,725	682,836	
4	106,248	207,359	308,461	409,572	
5	517,386	628,497	739,518	841,629	
6	931,904	142,105	253,206	364,307	
7	425,367	536,478	647,589	758,691	
8	810,472	920,583	130,694	240,715	
9	748,063	859,074	961,085	172,096	
10	169,702	271,803	382,904	493,105	
合计					

加法练习题二十五

分号 1-25
总号 25

班级＿＿＿＿
姓名＿＿＿＿
学号＿＿＿＿

甲题：

序号	一	二	三	四	合　计
1	897,543	918,654	129,765	231,876	
2	658,072	769,083	871,094	982,015	
3	405,167	506,278	607,389	708,491	
4	318,426	429,537	531,648	642,759	
5	981,073	192,084	213,095	324,016	
6	740,695	850,716	960,827	170,938	
7	691,708	712,809	823,901	934,102	
8	819,232	921,343	132,454	243,565	
9	302,419	403,521	504,632	605,743	
10	653,254	764,365	875,476	986,587	
合计					

乙题：

序号	一	二	三	四	合　计
1	342,987	453,198	564,219	675,321	
2	193,026	214,037	325,048	436,059	
3	809,512	901,623	102,734	203,845	
4	753,861	864,972	975,183	186,294	
5	435,027	546,038	657,049	768,051	
6	280,149	390,251	410,362	520,473	
7	145,203	256,304	367,405	478,506	
8	354,676	465,787	574,898	685,919	
9	706,854	807,965	908,176	109,287	
10	197,698	218,719	329,821	431,932	
合计					

加法练习题二十六

甲题：

序号	一	二	三	四	合　计
1	130,247	350,469	570,682	790,814	
2	425,179	647,392	869,524	182,746	
3	342,687	564,819	786,132	918,354	
4	519,378	732,591	954,723	276,945	
5	624,095	846,027	168,049	381,062	
6	801,784	103,916	305,238	507,451	
7	710,695	930,827	250,149	470,362	
8	138,064	351,086	573,018	795,031	
9	392,532	524,754	746,976	968,298	
10	605,968	807,281	109,413	302,635	
合计					

乙题：

序号	一	二	三	四	合　计
1	240,358	460,571	680,793	810,925	
2	536,281	758,413	971,635	293,857	
3	453,798	675,921	897,243	129,465	
4	621,489	843,612	165,834	387,156	
5	735,016	957,038	279,051	492,073	
6	902,895	204,127	406,349	608,562	
7	820,716	140,938	360,251	580,473	
8	249,075	462,097	684,029	816,042	
9	413,643	635,865	857,187	179,319	
10	706,179	908,392	201,524	403,746	
合计					

加法练习题二十七

分号 1-27
总号 27

甲题：

序号	一	二	三	四	合 计
1	310,764	420,875	530,986	640,197	
2	403,198	504,219	605,321	706,432	
3	517,435	628,546	739,657	841,768	
4	290,672	310,783	420,894	530,915	
5	125,839	236,941	347,152	458,263	
6	643,087	754,098	865,019	976,021	
7	569,342	671,453	782,564	893,675	
8	286,974	397,185	418,296	529,317	
9	809,215	901,326	102,437	203,548	
10	710,568	820,679	930,781	140,892	
合计					

乙题：

序号	一	二	三	四	合 计
1	750,218	860,329	970,431	180,542	
2	807,543	908,654	109,765	201,876	
3	952,879	163,981	274,192	385,213	
4	640,126	750,237	860,348	970,459	
5	569,374	671,485	782,596	893,617	
6	187,032	298,043	319,054	421,065	
7	914,786	125,897	236,918	347,129	
8	631,428	742,539	853,641	964,752	
9	304,659	405,761	506,872	607,983	
10	250,913	360,124	470,234	580,345	
合计					

分号	1-28
总号	28

加法练习题二十八

班级_____
姓名_____
学号_____

甲题：

序号	一	二	三	四	合　计
1	213,087	324,098	435,019	546,021	
2	106,298	207,319	308,421	409,532	
3	572,069	683,071	794,082	815,093	
4	719,473	821,584	932,695	143,716	
5	951,086	162,097	273,018	384,029	
6	830,657	940,768	150,879	260,981	
7	296,824	317,935	428,146	539,257	
8	514,672	625,783	736,894	847,915	
9	435,834	546,945	657,156	768,267	
10	310,459	420,561	530,672	640,783	
合计					

乙题：

序号	一	二	三	四	合　计
1	657,032	768,043	879,054	981,065	
2	501,643	602,754	703,865	804,976	
3	926,014	137,025	248,036	359,047	
4	254,827	365,938	476,149	587,251	
5	495,031	516,042	627,053	738,064	
6	370,192	480,213	590,324	610,435	
7	641,368	752,479	863,581	974,692	
8	958,126	169,237	271,348	382,459	
9	879,378	981,489	192,591	213,612	
10	750,894	860,915	970,126	180,237	
合计					

加法练习题二十九

分号 1-29
总号 29

甲题:

序号	一	二	三	四	合 计
1	480,735	590,846	610,957	720,168	
2	168,712	279,823	381,934	492,145	
3	391,046	412,057	523,068	634,079	
4	503,718	604,829	705,931	806,142	
5	948,203	159,304	261,405	372,506	
6	830,546	940,567	150,678	260,789	
7	792,318	813,429	924,531	135,642	
8	461,925	572,136	683,247	794,358	
9	596,079	617,081	728,092	839,013	
10	672,452	783,563	894,674	915,785	
合计					

乙题:

序号	一	二	三	四	合 计
1	8,302.79	9,403.81	1,504.92	2,705.13	
2	5,132.56	6,243.67	7,354.78	8,465.89	
3	7,450.81	8,560.92	9,670.13	1,780.24	
4	9,072.53	1,083.64	2,094.75	3,015.86	
5	4,836.07	5,947.08	6,158.09	7,269.01	
6	3,708.91	4,809.12	5,901.23	3,806.24	
7	2,467.53	3,578.64	4,689.75	9,576.91	
8	8,154.69	9,264.71	1,375.82	2,890.35	
9	9,410.24	1,520.35	2,630.46	4,026.97	
10	1,268.96	2,379.16	3,481.27	8,371.02	
合计					

| | | 分号 1-30 | | 总号 30 | | |

加法练习题三十

班级_____
姓名_____
学号_____

甲题：

序号	一	二	三	四	合 计
1	5,801.34	6,902.45	7,103.56	8,204.67	
2	4,023.89	5,034.91	6,045.12	7,056.23	
3	7,589.26	8,691.37	9,712.48	1,823.59	
4	3,741.05	4,852.06	5,963.07	6,174.08	
5	1,309.32	2,401.43	3,502.54	4,603.65	
6	9,650.14	1,760.25	2,870.36	3,980.47	
7	6,896.82	7,917.93	8,128.14	9,239.25	
8	7,182.54	8,293.65	9,314.76	1,425.87	
9	3,976.25	4,187.36	5,298.47	6,319.58	
10	4,761.07	5,872.08	6,983.09	7,194.01	
合计					

乙题：

序号	一	二	三	四	合 计
1	9,305.78	1,406.89	2,507.91	3,608.12	
2	8,067.34	9,078.45	1,089.56	2,091.67	
3	2,934.61	3,145.72	4,256.83	5,367.94	
4	7,285.09	8,396.01	9,417.02	1,528.03	
5	5,704.76	6,805.87	7,906.98	8,107.19	
6	4,190.58	5,210.69	6,320.71	7,430.82	
7	1,341.36	2,452.47	3,563.58	4,674.69	
8	2,536.98	3,647.19	4,758.21	5,869.32	
9	7,421.69	8,532.71	9,643.82	1,754.93	
10	8,215.02	9,326.03	1,437.04	2,548.05	
合计					

分号	1-31
总号	31

加法练习题三十一

班级＿＿＿＿
姓名＿＿＿＿
学号＿＿＿＿

甲题：

序号	一	二	三	四	合　　计
1	3,246,085	5,468,017	7,681,039	9,813,052	
2	1,302,698	3,504,821	5,706,143	7,908,365	
3	5,048,639	7,061,852	9,083,174	2,015,396	
4	7,319,065	9,532,087	2,754,019	4,976,032	
5	2,503,986	4,705,218	6,907,431	8,209,653	
6	9,127,379	2,349,592	4,562,724	6,784,946	
7	4,259,067	6,471,089	8,693,012	1,825,034	
8	8,417,184	1,639,316	3,852,538	5,174,751	
9	2,351,476	4,573,698	6,795,821	8,927,143	
10	7,028,154	9,041,376	2,063,598	4,085,721	
合计					

乙题：

序号	一	二	三	四	合　　计
1	4,357,096	6,579,028	8,792,041	1,924,063	
2	2,403,719	4,605,932	6,807,254	8,109,476	
3	6,059,741	8,072,963	1,094,285	3,026,417	
4	8,421,076	1,643,098	3,865,021	5,187,043	
5	3,604,197	5,806,329	7,108,542	9,301,764	
6	1,238,481	3,451,613	5,673,835	7,895,157	
7	5,361,078	7,582,091	9,714,023	2,936,045	
8	9,528,295	2,741,427	4,963,649	6,285,862	
9	3,462,587	5,684,719	7,816,932	9,138,254	
10	8,039,265	1,052,487	3,074,619	5,096,832	
合计					

分号	1-32
总号	32

加法练习题三十二

班级＿＿＿＿
姓名＿＿＿＿
学号＿＿＿＿

甲题：

序号	一	二	三	四	合　计
1	2,431,576	4,653,798	6,875,921	8,197,243	
2	1,513,698	3,735,821	5,957,143	7,279,365	
3	9,104,369	2,306,582	4,508,714	6,701,936	
4	3,925,478	5,247,691	7,469,823	9,682,145	
5	7,601,985	9,803,217	2,105,439	4,307,652	
6	2,534,876	4,756,198	6,978,321	8,291,543	
7	8,483,097	1,615,029	3,837,042	5,159,064	
8	3,208,697	5,401,829	7,603,242	9,805,464	
9	2,560,274	4,780,496	6,910,628	8,230,841	
10	1,405,012	3,607,034	5,809,056	7,102,078	
合计					

乙题：

序号	一	二	三	四	合　计
1	3,542,687	5,764,819	7,986,132	9,218,354	
2	2,624,719	4,846,932	6,168,254	8,381,476	
3	1,205,471	3,407,693	5,609,825	7,802,147	
4	4,136,589	6,358,712	8,571,934	1,793,256	
5	8,702,196	1,904,328	3,206,541	5,408,763	
6	3,645,987	5,867,219	7,189,432	9,312,654	
7	9,594,018	2,726,031	4,948,053	6,261,075	
8	4,309,748	6,502,131	8,704,353	1,906,575	
9	3,670,385	5,890,517	7,120,739	9,340,952	
10	2,506,023	4,708,045	6,901,067	8,203,089	
合计					

加法练习题三十三

甲题：

序号	一	二	三	四	合 计
1	4,027,639	6,049,852	8,062,174	1,084,396	
2	6,103,274	8,305,496	1,507,628	3,709,841	
3	1,265,908	3,487,201	5,619,403	7,832,605	
4	3,510,846	5,730,168	7,950,381	9,270,513	
5	9,423,487	2,645,619	4,867,832	6,189,154	
6	5,217,068	7,439,081	9,652,013	2,874,035	
7	3,253,789	5,475,912	7,697,234	9,829,456	
8	1,931,578	3,253,791	5,475,923	7,697,245	
9	8,259,746	1,472,968	3,694,281	5,826,413	
10	4,016,905	6,038,207	8,051,409	1,073,602	
合计					

乙题：

序号	一	二	三	四	合 计
1	5,038,741	7,051,963	9,073,285	2,095,417	
2	7,204,385	9,406,517	2,608,739	4,801,952	
3	2,376,109	4,598,302	6,721,504	8,943,706	
4	4,620,957	6,840,279	8,160,492	1,380,624	
5	1,534,598	3,756,721	5,978,943	7,291,265	
6	6,328,079	8,541,092	1,763,024	3,985,046	
7	4,364,891	6,586,123	8,718,345	1,931,567	
8	2,142,689	4,364,812	6,586,134	8,718,356	
9	9,361,857	2,583,179	4,715,392	6,937,524	
10	5,027,106	7,049,308	9,062,501	2,084,703	
合计					

加法练习题三十四

甲题：

序号	一	二	三	四	合计
1	4,172,589	5,283,691	6,394,712	7,415,823	
2	9,024,376	1,035,487	2,046,598	3,057,619	
3	1,305,428	2,406,539	3,507,641	4,608,752	
4	8,240,359	9,350,461	1,460,572	2,570,683	
5	6,439,087	7,541,098	8,652,019	9,763,021	
6	3,650,974	4,760,185	5,870,296	6,980,317	
7	2,810,638	3,920,749	4,130,851	5,240,962	
8	7,186,527	8,297,638	9,318,749	1,429,851	
9	9,274,196	1,385,217	2,496,328	3,516,439	
10	1,905,315	2,106,426	3,207,537	4,308,648	
合计					

乙题：

序号	一	二	三	四	合计
1	85,269.34	96,371.45	17,482.56	28,593.67	
2	40,687.21	50,798.32	60,819.43	70,921.54	
3	57,098.63	68,019.74	79,021.85	81,032.96	
4	36,807.94	47,908.15	58,109.26	69,201.37	
5	18,640.32	29,750.43	31,860.54	42,970.65	
6	71,904.28	82,105.39	93,206.41	14,307.52	
7	63,501.73	74,602.84	85,703.95	96,804.16	
8	25,319.62	36,421.73	47,532.84	58,643.95	
9	46,275.41	57,386.52	68,497.63	79,578.74	
10	54,097.59	65,018.61	76,029.72	87,031.83	
合计					

加法练习题三十五

甲题：

序号	一	二	三	四	合计
1	5,216,894	7,438,126	9,651,348	2,873,561	
2	6,490,237	8,620,459	1,840,672	3,160,894	
3	7,085,294	9,017,426	2,039,648	4,052,861	
4	8,672,145	1,894,367	3,126,589	5,348,712	
5	4,701,398	6,903,521	8,205,743	1,407,965	
6	5,410,934	7,630,256	9,850,478	2,170,691	
7	8,253,708	1,475,901	3,697,203	5,829,405	
8	1,798,126	3,921,348	5,243,561	7,465,783	
9	6,076,395	8,098,527	1,021,749	3,043,962	
10	3,163,502	5,385,704	7,517,906	9,739,208	
合计					

乙题：

序号	一	二	三	四	合计
1	6,327,915	8,549,237	1,762,459	3,984,672	
2	7,510,348	9,730,561	2,950,783	4,270,915	
3	8,096,315	1,028,537	3,041,759	5,063,972	
4	9,783,256	2,915,478	4,237,691	6,459,823	
5	5,802,419	7,104,632	9,306,854	2,508,176	
6	6,520,145	8,740,367	1,960,589	3,280,712	
7	9,364,809	2,586,102	4,718,304	6,931,506	
8	2,819,237	4,132,459	6,354,672	8,576,894	
9	7,087,416	9,019,638	2,032,851	4,054,173	
10	4,274,603	6,496,805	8,628,107	1,841,309	
合计					

加法练习题三十六

甲题：

序号	一	二	三	四	合计
1	61,052.98	72,063.19	83,074.21	94,085.32	
2	43,932.89	54,143.91	65,254.12	76,365.23	
3	30,649.67	40,751.78	50,862.89	60,973.91	
4	81,095.78	92,016.89	13,027.91	24,038.12	
5	56,140.32	67,250.43	78,360.54	89,470.65	
6	97,385.76	18,496.87	29,517.98	31,628.19	
7	26,109.47	37,201.58	48,302.69	59,403.71	
8	47,045.23	58,056.34	69,067.45	71,078.56	
9	75,284.16	86,395.27	97,416.38	18,527.49	
10	30,152.81	40,263.92	50,374.13	60,485.24	
合计					

乙题：

序号	一	二	三	四	合计
1	15,096.43	26,017.54	37,028.65	48,039.76	
2	87,476.34	98,587.45	19,698.56	21,719.67	
3	70,184.12	80,295.23	90,316.34	10,427.45	
4	35,049.23	46,051.34	57,062.45	68,073.56	
5	91,580.76	12,690.87	23,710.98	34,820.19	
6	42,739.21	53,841.32	64,952.43	75,163.54	
7	61,504.82	72,605.93	83,706.14	94,807.25	
8	82,089.67	93,091.78	14,012.89	25,023.91	
9	29,638.51	31,749.62	42,851.73	53,962.84	
10	70,596.35	80,617.46	90,718.57	10,829.68	
合计					

加法练习题三十七

分号 1-37
总号 37

班级＿＿＿＿
姓名＿＿＿＿
学号＿＿＿＿

甲题:

序号	一	二	三	四	合　计
1	70,862.91	80,973.12	90,184.23	10,295.34	
2	97,145.64	18,256.75	29,367.86	31,478.97	
3	39,402.83	41,503.94	52,604.15	63,705.26	
4	82,056.37	93,067.48	14,078.59	25,089.61	
5	65,708.49	76,809.51	87,901.62	98,102.73	
6	81,950.24	92,160.35	13,270.46	24,380.57	
7	49,175.02	51,286.03	62,397.04	73,418.05	
8	21,680.37	32,790.48	43,810.59	54,920.61	
9	35,931.65	46,142.76	57,253.87	68,364.98	
10	84,637.12	95,748.23	16,859.34	27,961.45	
合计					

乙题:

序号	一	二	三	四	合　计
1	20,316.45	30,427.56	40,538.67	50,649.78	
2	42,589.18	53,691.29	64,712.31	75,823.42	
3	74,806.37	85,907.48	96,108.59	17,209.61	
4	36,091.72	47,012.83	58,023.94	69,034.15	
5	19,203.84	21,304.95	32,405.16	43,506.27	
6	35,490.68	46,510.79	57,620.81	68,730.92	
7	84,529.06	95,631.07	16,742.08	27,853.09	
8	65,130.72	76,240.83	87,350.94	98,460.15	
9	79,475.19	81,586.21	92,697.32	13,718.43	
10	38,172.56	49,283.67	51,394.78	62,415.89	
合计					

珠算习题集

加法练习题三十八

甲题:

序号	一	二	三	四	合计
1	10,426,398	20,537,419	30,648,521	40,759,632	
2	35,731,864	46,842,975	57,953,186	68,164,297	
3	56,079,578	67,081,689	78,092,791	89,013,812	
4	45,839,036	56,941,047	67,152,058	78,263,069	
5	84,915,802	95,126,903	16,237,104	27,348,205	
6	31,267,954	42,378,165	53,489,276	64,591,387	
7	90,178,240	10,289,350	20,391,460	30,412,570	
8	12,406,152	23,507,263	34,608,374	45,709,485	
9	23,767,914	34,878,125	45,989,236	56,191,347	
10	65,098,273	76,019,384	87,021,495	98,032,516	
合计					

乙题:

序号	一	二	三	四	合计
1	50,861,743	60,972,854	70,183,965	80,294,176	
2	79,275,318	81,386,429	92,497,531	13,518,642	
3	91,024,923	12,035,134	23,046,245	34,057,356	
4	89,374,071	91,485,082	12,596,093	23,617,014	
5	38,459,306	49,561,407	51,672,508	62,783,609	
6	75,612,498	86,723,519	97,834,621	18,945,732	
7	40,523,680	50,634,790	60,745,810	70,856,920	
8	56,801,596	67,902,617	78,103,728	89,103,728	
9	67,212,458	78,323,569	89,434,617	91,545,782	
10	19,043,627	21,054,738	32,065,849	43,076,951	
合计					

加法练习题三十九

分号 1-39
总号 39

班级＿＿＿＿
姓名＿＿＿＿
学号＿＿＿＿

甲题：

序号	一	二	三	四	合　计
1	20,958,467	30,169,573	40,271,689	50,382,791	
2	59,472,086	61,583,097	72,694,018	83,715,029	
3	94,057,835	15,068,946	26,079,157	37,081,268	
4	73,415,924	84,526,135	95,637,246	16,748,357	
5	65,978,603	76,189,704	87,291,805	98,312,906	
6	10,259,712	20,361,823	30,472,934	40,583,145	
7	84,962,136	95,173,247	16,284,358	27,395,469	
8	41,723,680	52,834,790	63,945,810	74,156,920	
9	38,102,134	49,203,245	51,304,356	62,405,467	
10	98,170,356	19,280,467	21,390,578	32,410,689	
合计					

乙题：

序号	一	二	三	四	合　计
1	60,493,812	70,514,923	80,625,134	90,736,245	
2	94,826,031	15,937,042	26,148,053	37,259,064	
3	48,092,379	59,013,481	61,024,592	72,035,613	
4	27,859,468	38,961,579	49,172,681	51,283,792	
5	19,423,107	21,534,208	32,645,309	43,756,401	
6	50,694,256	60,715,367	70,826,478	80,937,589	
7	38,416,571	49,527,682	51,638,793	62,749,814	
8	85,267,130	96,378,240	17,489,350	28,591,460	
9	73,506,578	84,607,689	95,708,791	16,809,812	
10	43,520,791	54,630,812	65,740,923	76,850,134	
合计					

分号	1-40
总号	40

加法练习题四十

班级_____
姓名_____
学号_____

甲题：

序号	一	二	三	四	合　计
1	309,712.48	401,823.59	502,934.61	603,145.72	
2	483,907.85	514,108.96	625,209.17	736,301.28	
3	240,581.68	350,692.79	460,713.81	570,824.92	
4	671,035.29	782,046.31	893,057.42	914,068.53	
5	926,413.52	137,524.63	248,635.74	359,746.85	
6	175,604.83	286,705.94	397,806.15	418,907.26	
7	403,591.68	504,612.79	605,723.81	706,834.92	
8	697,106.74	718,207.85	829,308.96	931,409.17	
9	753,094.62	864,015.73	975,026.84	186,037.95	
10	271,389.25	382,491.36	493,512.47	514,623.58	
合计					

乙题：

序号	一	二	三	四	合　计
1	704,256.83	805,367.94	906,478.15	107,589.26	
2	847,402.39	958,503.41	169,604.52	271,705.63	
3	680,935.13	790,146.24	810,257.35	920,368.46	
4	124,079.64	235,081.75	346,092.86	457,013.97	
5	461,857.96	572,968.17	683,179.28	794,281.39	
6	529,108.37	631,209.48	742,301.59	853,402.61	
7	807,945.13	908,156.24	109,267.35	201,378.46	
8	142,501.28	253,602.39	364,703.41	475,804.52	
9	297,048.16	318,059.27	429,061.38	531,072.49	
10	625,734.69	736,845.71	847,956.82	958,167.93	
合计					

分号	1-41
总号	41

加法练习题四十一

班级＿＿＿＿
姓名＿＿＿＿
学号＿＿＿＿

甲题：

序号	一	二	三	四	合　计
1	497,508.12	518,609.23	629,701.34	731,802.45	
2	605,896.34	706,917.45	807,128.56	908,239.67	
3	128,039.78	239,041.89	341,052.91	452,063.12	
4	816,507.39	927,608.41	138,709.52	249,801.63	
5	732,428.03	843,539.04	954,641.05	165,752.06	
6	269,854.92	371,965.13	482,176.24	593,287.35	
7	107,493.15	208,514.26	309,625.37	401,736.48	
8	516,209.32	627,301.43	738,402.54	849,503.65	
9	145,763.74	256,874.85	367,985.96	478,196.17	
10	724,081.56	835,092.67	946,013.78	157,024.89	
合计					

乙题：

序号	一	二	三	四	合　计
1	842,903.56	153,104.67	264,205.78	375,306.89	
2	109,341.78	201,452.89	302,563.91	403,674.12	
3	563,074.23	674,085.34	785,096.45	896,017.56	
4	351,902.74	462,103.85	573,204.96	684,305.17	
5	276,863.07	387,974.08	498,185.09	519,296.01	
6	614,398.46	725,419.57	836,521.68	947,632.79	
7	502,847.59	603,958.61	704,169.72	805,271.83	
8	951,604.76	162,705.87	273,806.98	384,907.19	
9	589,217.28	691,328.39	712,439.41	823,541.52	
10	268,035.91	379,046.12	481,057.23	592,068.34	
合计					

分号	1-42
总号	42

加法练习题四十二

班级_____
姓名_____
学号_____

甲题：

序号	一	二	三	四	合 计
1	2,640,198.53	3,750,219.64	4,860,321.75	5,970,432.86	
2	1,762,358.04	2,873,469.05	3,984,571.06	4,195,682.07	
3	6,325,809.47	7,436,901.58	8,547,102.69	9,658,203.71	
4	3,149,067.28	4,251,078.39	5,362,089.41	6,473,091.52	
5	2,135,470.89	3,246,580.91	4,357,690.12	5,468,710.23	
6	9,214,683.47	1,325,794.58	2,436,815.69	3,547,926.71	
7	5,067,354.18	6,078,465.29	7,089,576.31	8,091,687.42	
8	6,901,983.75	7,102,194.86	8,203,215.97	9,304,326.18	
9	2,153,794.06	3,264,815.07	4,375,926.08	5,486,137.09	
10	7,928,106.25	8,139,207.36	9,241,308.47	1,352,409.58	
合计					

乙题：

序号	一	二	三	四	合 计
1	6,180,543.97	7,290,654.18	8,310,765.29	9,420,876.31	
2	5,216,793.08	6,327,814.09	7,438,925.01	8,549,136.02	
3	1,769,304.82	2,871,405.93	3,982,506.14	4,193,607.25	
4	7,584,012.63	8,695,023.74	9,716,034.85	1,827,045.96	
5	6,579,820.34	7,681,930.45	8,792,140.56	9,813,250.67	
6	4,658,137.82	5,769,248.93	6,871,359.14	7,982,461.25	
7	9,012,798.53	1,023,819.64	2,034,921.75	3,045,132.86	
8	1,405,437.29	2,506,548.31	3,607,659.42	4,708,761.53	
9	6,597,248.01	7,618,359.02	8,729,461.03	9,831,572.04	
10	2,463,501.69	3,574,601.71	4,685,702.82	5,796,803.93	
合计					

分号	1-43
总号	43

加法测定题一

班级_____
姓名_____
学号_____

甲题： 参考时间：10分钟

序号	一	二	三	四	五	合　计
1	12,748	41,562	48,973	36,495	78,354	
2	56,439	39,704	51,362	83,219	50,781	
3	59,826	49,868	56,236	42,753	89,853	
4	27,414	42,496	56,451	59,188	73,266	
5	63,216	25,430	65,394	17,926	41,712	
6	42,183	47,316	75,623	43,891	92,864	
7	59,862	31,453	41,867	21,768	23,419	
8	82,688	68,324	73,685	35,681	64,287	
9	10,504	59,161	96,513	35,742	29,825	
10	96,745	68,179	70,843	69,413	86,783	
合计						

乙题：

序号	一	二	三	四	五	合　计
1	23,973	59,357	65,832	94,831	71,423	
2	56,472	81,796	98,496	87,356	16,917	
3	19,825	32,814	19,734	19,867	45,672	
4	34,139	46,258	52,138	63,526	57,895	
5	75,496	50,912	71,985	34,682	86,959	
6	46,289	58,439	12,363	73,594	65,831	
7	82,314	74,052	72,519	64,529	71,325	
8	32,751	67,854	89,416	89,626	84,638	
9	73,958	92,173	98,359	50,143	52,134	
10	52,863	79,282	97,085	47,652	19,839	
合计						

完成题_____　　　正确题_____

加法测定题二

分号 1-44
总号 44

参考时间：10分钟

甲题：

序号	一	二	三	四	五	合计
1	19,431.01	33,572.41	118,313.36	64,252.19	42,964.84	
2	17,506.83	75,374.52	26,568.11	13,794.32	56,241.25	
3	64,459.29	43,956.75	15,184.38	81,357.71	69,167.47	
4	79,256.22	54,187.17	91,743.63	24,961.57	24,583.56	
5	161,738.38	19,215.93	67,695.48	37,966.10	10,952.05	
6	88,583.01	85,641.57	85,614.04	51,637.35	14,926.52	
7	176,043.03	11,698.66	77,319.75	71,852.07	39,482.03	
8	29,555.91	44,067.07	36,393.60	93,148.88	69,828.77	
9	121,934.05	28,043.83	97,468.34	29,186.07	91,450.14	
10	139,197.83	55,782.70	71,862.53	41,959.43	23,218.00	
合计						

乙题：

序号	一	二	三	四	五	合计
1	29,795.97	418,257.18	956,748.56	69,749.97	39,428.94	
2	129,571.29	742,168.42	37,564.75	76,254.62	62,837.28	
3	57,614.76	62,158.21	135,786.35	359,716.59	45,706.57	
4	53,921.39	39,159.91	421,593.21	69,871.98	23,289.32	
5	97,382.73	24,576.45	159,479.59	98,342.83	98,641.86	
6	158,427.58	49,351.93	54,643.46	47,984.79	19,672.96	
7	849,735.49	33,742.37	29,784.47	35,283.52	37,965.79	
8	58,936.89	53,434.34	94,784.97	91,757.17	15,637.56	
9	23,764.37	289,245.89	43,517.35	52,375.23	17,825.78	
10	518,549.18	57,627.76	78,239.82	21,296.12	18,747.87	
合计						

班级＿＿＿＿
姓名＿＿＿＿
学号＿＿＿＿

完成题＿＿＿＿   正确题＿＿＿＿

分号	2-1
总号	45

第 二 部 分①

减法练习题一

班级_____
姓名_____
学号_____

要求持笔反复拨算下列各题，注意拨珠指法。

(1)　　434,334　　　　(8)　　333,444　　　　(15)　　125,321
　　　 −221,223　　　　　　　−267,768　　　　　　　 −117,822

(2)　　545,455　　　　(9)　　444,555　　　　(16)　　545,778
　　　 −223,243　　　　　　　−376,879　　　　　　　 −367,889

(3)　　678,778　　　　(10)　　555,666　　　　(17)　　678,876
　　　 −123,223　　　　　　　−178,897　　　　　　　 −489,997

(4)　　984,667　　　　(11)　　666,777　　　　(18)　　743,543
　　　 −746,789　　　　　　　−577,898　　　　　　　 −543,644

(5)　　505,505　　　　(12)　　777,888　　　　(19)　　899,669
　　　 −303,403　　　　　　　−688,989　　　　　　　 −678,779

(6)　　811,222　　　　(13)　　888,999　　　　(20)　　443,899
　　　 −678,567　　　　　　　−699,878　　　　　　　 −343,899

(7)　　222,333　　　　(14)　　223,431
　　　 −144,556　　　　　　　−178,432

---

① 减法习题答案，有正数，也有负数（用"−"号表示）。

分 号	2-2
总 号	46

减法练习题二

要求持笔反复拨算下列各题，注意拨珠指法。

(1)　　789,896
　　　 −345,254

(2)　　698,778
　　　 −254,553

(3)　　644,866
　　　 −433,742

(4)　　587,875
　　　 −443,436

(5)　　946,476
　　　 −864,732

(6)　　222,333
　　　 −175,678

(7)　　714,411
　　　 −526,789

(8)　　567,765
　　　 −389,876

(9)　　111,222
　　　 − 56,789

(10)　　222,333
　　　 −143,445

(11)　　333,444
　　　 −245,678

(12)　　444,555
　　　 −365,798

(13)　　555,666
　　　 −478,667

(14)　　666,777
　　　 −489,788

(15)　　777,888
　　　 −588,899

(16)　　888,999
　　　 −699,987

(17)　　999,000
　　　 −867,438

(18)　　946,649
　　　 −757,759

(19)　　837,567
　　　 −647,578

(20)　　948,776
　　　 −848,777

分号	2-3
总号	47

减法练习题三

班级_____
姓名_____
学号_____

甲题：

序号	总 计	减 一	减 二	减 三	余 额
总计	8,173	542	623	751	
减 1	761	19	21	32	
2	842	20	30	40	
3	601	46	57	68	
4	576	25	36	47	
5	802	79	81	92	
6	491	87	98	19	
7	705	60	70	80	
8	934	38	49	51	
9	593	45	56	67	
10	832	13	24	35	
余额					

乙题：

序号	总 计	减 一	减 二	减 三	余 额
总计	7,985	642	739	857	
减 1	872	43	54	65	
2	953	50	60	70	
3	702	79	81	92	
4	687	58	69	71	
5	903	13	24	35	
6	512	21	32	43	
7	806	90	10	20	
8	541	62	73	84	
9	943	78	89	91	
10	461	46	57	68	
余额					

分号	2-4
总号	48

减法练习题四

班级＿＿＿＿
姓名＿＿＿＿
学号＿＿＿＿

甲题：

序号	总　计	减　一	减　二	减　三	余　额
总计	5,326	768	692	857	
减 1	241	36	47	58	
2	359	75	86	97	
3	148	32	43	54	
4	269	87	98	19	
5	386	98	19	21	
6	475	47	58	69	
7	584	60	70	80	
8	382	24	35	46	
9	196	10	20	30	
10	287	95	16	27	
余额					

乙题：

序号	总　计	减　一	减　二	减　三	余　额
总计	6,437	879	713	968	
减 1	352	25	69	71	
2	461	64	18	29	
3	259	21	65	76	
4	371	76	21	32	
5	497	87	32	43	
6	586	36	71	82	
7	695	50	90	10	
8	493	13	57	68	
9	217	90	40	50	
10	398	84	38	49	
余额					

分号	2-5
总号	49

减法练习题五

班级＿＿＿＿
姓名＿＿＿＿
学号＿＿＿＿

甲题：

序号	总 计	减 一	减 二	减 三	余 额
总计	69,574	8,742	5,986	7,652	
减 1	1,709	103	204	305	
2	3,683	926	137	248	
3	4,245	578	689	791	
4	2,183	416	527	638	
5	5,902	305	406	507	
6	3,519	843	954	165	
7	7,801	204	305	406	
8	6,428	752	863	974	
9	8,675	918	129	231	
10	9,364	697	718	829	
余额					

乙题：

序号	总 计	减 一	减 二	减 三	余 额
总计	63,897	6,588	7,586	9,641	
减 1	2,801	406	507	608	
2	3,794	359	461	572	
3	4,356	812	923	134	
4	7,294	749	851	962	
5	5,103	608	709	801	
6	4,621	276	387	498	
7	5,902	507	608	709	
8	1,539	185	296	317	
9	9,786	342	453	564	
10	8,475	931	142	253	
余额					

珠算习题集 45

分号	2-6
总号	50

减法练习题六

班级_____
姓名_____
学号_____

甲题：

序号	总　计	减　一	减　二	减　三	余　额
总计	86,384	7,609	8,903	7,563	
减 1	5,941	863	675	906	
2	9,548	432	436	845	
3	5,647	569	879	893	
4	9,352	986	628	652	
5	7,490	704	819	427	
6	9,813	891	597	691	
7	8,674	762	346	384	
8	5,717	871	417	693	
9	8,084	548	349	782	
10	7,286	649	768	609	
余额					

乙题：

序号	总　计	减　一	减　二	减　三	余　额
总计	57,984	5,738	4,938	5,867	
减 1	5,732	928	176	791	
2	8,017	508	681	389	
3	3,425	296	245	876	
4	6,354	214	865	549	
5	7,608	896	397	471	
6	9,134	178	453	283	
7	5,848	547	504	716	
8	2,607	394	618	538	
9	3,754	836	925	975	
10	3,829	483	397	417	
余额					

分号	2-7
总号	51

减法练习题七

班级＿＿＿＿
姓名＿＿＿＿
学号＿＿＿＿

甲题：

序号	总　计	减　一	减　二	减　三	余　额
总计	79,624	5,863	6,432	7,354	
减 1	7,663	634	278	768	
2	9,456	728	256	369	
3	8,203	312	926	238	
4	6,487	237	928	897	
5	7,085	504	241	301	
6	8,146	657	465	814	
7	7,268	814	697	698	
8	5,413	236	594	104	
9	9,456	103	735	745	
10	9,247	642	817	329	
余额					

乙题：

序号	总　计	减　一	减　二	减　三	余　额
总计	54,679	8,981	6,048	4,973	
减 1	2,183	923	496	274	
2	6,989	769	397	675	
3	8,095	486	418	179	
4	4,516	187	375	968	
5	7,869	962	236	324	
6	5,647	324	431	473	
7	7,203	659	964	316	
8	6,218	470	806	289	
9	1,980	396	482	627	
10	3,638	827	768	785	
余额					

珠算习题集

分号	2-8
总号	52

减法练习题八

班级＿＿＿＿
姓名＿＿＿＿
学号＿＿＿＿

甲题：

序号	总 计	减 一	减 二	减 三	余 额
总计	1,251.97	98.72	87.36	69.53	
减 1	28.73	2.16	3.27	4.38	
2	52.04	5.07	6.08	7.09	
3	36.91	9.34	1.45	2.56	
4	18.35	2.69	3.71	4.82	
5	64.67	7.92	8.13	9.24	
6	42.05	5.08	6.09	7.01	
7	17.14	1.47	2.58	3.69	
8	32.03	5.06	6.07	7.08	
9	7.94	1.38	2.49	3.51	
10	71.59	4.83	5.94	6.15	
余额					

乙题：

序号	总 计	减 一	减 二	减 三	余 额
总计	869.57	79.95	86.87	67.93	
减 1	19.84	5.49	6.51	7.62	
2	23.05	8.01	9.02	1.03	
3	47.12	3.67	4.78	5.89	
4	39.46	5.93	6.14	7.25	
5	65.78	1.35	2.45	3.56	
6	53.06	8.02	9.03	1.04	
7	78.25	4.71	5.82	6.93	
8	93.04	8.09	9.01	1.02	
9	88.15	4.61	5.72	6.83	
10	32.61	7.26	8.37	9.48	
余额					

减法练习题九

甲题:

序号	总 计	减 一	减 二	减 三	余 额
总计	970.92	164.18	249.57	385.72	
减 1	32.79	5.13	6.24	7.35	
2	16.81	9.24	1.35	2.46	
3	29.04	3.07	4.08	5.09	
4	47.29	1.53	2.64	3.75	
5	76.15	9.48	1.59	2.61	
6	61.03	4.06	5.07	6.08	
7	26.50	1.80	2.90	3.10	
8	84.83	7.26	8.37	9.48	
9	52.48	5.72	6.83	7.94	
10	93.56	6.89	7.91	8.12	
余额					

乙题:

序号	总 计	减 一	减 二	减 三	余 额
总计	958.64	387.99	269.65	189.76	
减 1	23.81	8.46	9.57	1.68	
2	37.92	3.57	4.68	5.79	
3	51.05	6.01	7.02	8.03	
4	48.31	4.86	5.97	6.18	
5	87.26	3.72	4.83	5.94	
6	92.04	7.09	8.01	9.02	
7	67.60	4.20	5.30	5.40	
8	15.94	1.59	2.61	3.72	
9	23.59	8.15	9.26	1.37	
10	74.67	9.23	1.34	2.45	
余额					

珠算习题集

分 号	2-10
总 号	54

减法练习题十

班级＿＿＿＿
姓名＿＿＿＿
学号＿＿＿＿

甲题：

序号	总 计	减 一	减 二	减 三	余 额
总计	653,959	57,648	57,432	46,975	
减 1	24,193	3,414	5,339	7,061	
2	62,819	9,829	2,497	8,529	
3	59,734	7,386	3,259	3,632	
4	29,609	3,549	7,893	9,172	
5	92,834	7,868	8,331	5,383	
6	71,645	1,029	9,182	2,367	
7	32,148	8,305	1,960	6,479	
8	80,419	1,278	3,945	8,095	
9	78,564	6,193	8,365	1,203	
10	76,349	5,254	5,281	1,827	
余额					

乙题：

序号	总 计	减 一	减 二	减 三	余 额
总计	494,083	69,306	87,104	75,996	
减 1	48,962	1,329	8,639	2,371	
2	63,078	6,897	8,174	9,203	
3	54,975	5,052	8,379	6,947	
4	30,178	2,471	7,135	1,426	
5	12,609	3,148	6,512	7,684	
6	74,926	7,539	6,849	5,869	
7	59,139	5,796	9,742	7,486	
8	38,245	3,124	2,426	9,275	
9	62,457	8,093	8,361	5,864	
10	34,174	5,489	5,389	4,365	
余额					

分号 2-11
总号 55

减法练习题十一

班级＿＿＿＿
姓名＿＿＿＿
学号＿＿＿＿

甲题：

序号	总　计	减　一	减　二	减　三	余　额
总计	593,187	58,369	54,254	66,773	
减 1	35,324	6,713	1,589	6,453	
2	56,495	9,476	2,806	5,726	
3	24,307	1,208	6,353	8,394	
4	63,126	7,219	7,428	7,005	
5	47,239	1,683	8,596	5,289	
6	38,075	3,127	9,154	7,636	
7	47,462	7,354	1,706	6,453	
8	34,738	9,095	2,827	7,163	
9	66,714	4,058	5,637	3,509	
10	78,607	7,436	7,158	8,145	
余额					

乙题：

序号	总　计	减　一	减　二	减　三	余　额
总计	438,764	39,436	56,794	63,482	
减 1	35,609	1,038	5,107	8,671	
2	46,741	2,107	9,360	2,316	
3	58,032	3,689	7,653	4,175	
4	73,718	1,835	2,741	6,374	
5	62,649	7,206	5,876	8,598	
6	24,105	5,764	4,659	4,070	
7	31,698	4,615	8,908	3,652	
8	42,791	7,306	3,079	9,637	
9	31,487	1,816	6,184	5,739	
10	26,124	4,508	2,683	7,342	
余额					

减法练习题十二

甲题：

序号	总 计	减 一	减 二	减 三	余 额
总计	3,150.92	2,243.48	2,852.16	5,702.63	
减 1	254.10	92.75	80.96	38.57	
2	192.14	58.48	39.65	73.16	
3	348.72	43.13	57.89	51.43	
4	242.97	20.76	32.05	85.49	
5	168.39	43.32	20.46	73.16	
6	262.59	57.68	73.71	80.64	
7	175.91	41.32	62.83	24.18	
8	326.57	37.14	37.64	47.09	
9	454.96	60.97	93.25	96.27	
10	343.67	27.43	84.21	71.89	
余额					

乙题：

序号	总 计	减 一	减 二	减 三	余 额
总计	4,801.46	3,598.21	1,864.83	3,264.57	
减 1	437.92	69.95	41.24	15.09	
2	272.26	58.62	62.07	32.34	
3	198.45	37.42	72.89	12.06	
4	326.94	40.57	53.41	24.48	
5	867.23	43.65	48.26	28.52	
6	359.82	10.80	63.75	57.06	
7	480.14	78.69	96.14	48.14	
8	257.26	20.96	42.31	35.98	
9	228.52	53.84	78.67	86.32	
10	320.46	55.87	81.03	64.23	
余额					

分号	2-13
总号	57

减法练习题十三

班级＿＿＿＿＿
姓名＿＿＿＿＿
学号＿＿＿＿＿

甲题：

序号	总　计	减　一	减　二	减　三	余　额
总计	3,579.02	586.87	608.49	706.94	
减 1	249.78	35.97	46.18	57.29	
2	174.65	13.65	24.76	25.87	
3	360.89	50.78	60.89	70.91	
4	251.03	49.02	51.03	62.04	
5	426.19	31.98	42.19	53.21	
6	329.73	62.84	73.95	84.16	
7	130.98	20.67	30.78	40.89	
8	98.76	14.98	25.19	36.21	
9	261.07	37.06	48.07	59.08	
10	892.83	51.42	62.53	73.64	
余额					

乙题：

序号	总　计	减　一	减　二	减　三	余　额
总计	4,597.35	694.98	797.18	897.94	
减 1	248.79	68.31	79.42	81.53	
2	184.56	36.98	47.19	58.21	
3	380.67	80.12	90.23	10.34	
4	452.18	73.05	84.06	95.07	
5	325.29	64.32	75.43	86.54	
6	270.38	95.27	16.38	27.49	
7	325.12	50.91	60.12	70.23	
8	819.43	47.32	58.43	69.54	
9	746.86	61.09	72.01	83.02	
10	591.84	84.75	95.86	16.97	
余额					

减法练习题十四

分号 2-14
总号 58

甲题：

序号	总　计	减　一	减　二	减　三	余　额
总计	4,857.08	672.45	492.36	568.47	
减 1	240.04	76.17	89.44	31.18	
2	647.57	52.75	30.75	53.96	
3	732.21	50.43	54.48	48.48	
4	647.53	16.34	13.96	71.83	
5	351.26	38.09	55.77	53.26	
6	694.25	67.47	84.72	68.03	
7	375.28	29.44	30.92	70.08	
8	286.18	81.56	64.53	49.56	
9	295.64	55.82	43.07	52.64	
10	607.56	16.09	67.27	72.09	
余额					

乙题：

序号	总　计	减　一	减　二	减　三	余　额
总计	3,986.52	597.46	489.56	623.49	
减 1	181.27	60.75	16.96	28.40	
2	169.98	73.81	28.54	10.28	
3	247.13	22.39	37.49	99.53	
4	372.02	68.87	63.92	57.64	
5	403.08	90.87	46.25	73.80	
6	252.68	34.76	38.16	41.49	
7	370.96	54.11	58.83	56.18	
8	578.24	87.67	75.42	74.39	
9	292.91	62.83	59.78	86.54	
10	381.25	23.47	48.75	93.25	
余额					

减法练习题十五

甲题：

序号	总　计	减　一	减　二	减　三	余　额
总计	8,630.56	728.03	953.74	1,069.05	
减 1	533.20	98.53	21.07	68.92	
2	262.96	42.59	39.28	91.06	
3	383.75	68.43	45.42	74.35	
4	500.58	75.96	63.78	18.81	
5	738.39	103.84	148.07	261.74	
6	293.48	68.51	36.65	52.89	
7	309.77	36.94	89.18	30.45	
8	408.56	97.18	43.73	76.12	
9	159.62	41.55	29.81	92.83	
10	544.18	132.09	401.53	247.58	
余额					

乙题：

序号	总　计	减　一	减　二	减　三	余　额
总计	5,896.26	2,380.90	1,106.48	1,622.77	
减 1	374.35	61.39	96.30	34.17	
2	289.67	40.08	73.95	29.83	
3	341.43	93.86	96.25	76.22	
4	237.74	56.74	50.38	54.83	
5	1,830.54	734.43	356.45	520.98	
6	184.06	34.05	45.57	24.36	
7	265.36	25.69	68.39	81.17	
8	244.18	69.37	70.42	47.35	
9	315.65	30.69	93.16	49.56	
10	1,206.23	378.56	390.68	682.79	
余额					

分号	2-16
总号	60

减法练习题十六

班级_____
姓名_____
学号_____

甲题：

序号	总 计	减 一	减 二	减 三	余 额
总计	2,914,625	529,947	638,412	745,594	
减 1	316,528	41,853	52,964	63,175	
2	430,493	60,736	70,847	80,958	
3	181,065	24,098	35,019	46,021	
4	517,391	59,634	61,745	72,856	
5	293,102	36,405	47,506	58,607	
6	170,954	10,387	20,498	30,519	
7	357,601	81,905	92,106	13,207	
8	184,753	27,186	38,297	49,318	
9	278,246	12,579	23,681	34,792	
10	541,838	74,262	85,373	96,484	
余额					

乙题：

序号	总 计	减 一	减 二	减 三	余 额
总计	5,625,736	655,397	576,497	718,169	
减 1	427,639	74,286	85,397	96,418	
2	240,514	90,169	10,271	20,382	
3	392,076	57,032	68,043	79,054	
4	528,412	83,967	94,178	15,289	
5	314,203	69,708	71,809	82,901	
6	180,165	40,621	50,732	60,843	
7	268,702	24,308	35,409	46,501	
8	395,864	51,429	62,531	73,642	
9	489,357	45,813	56,924	67,135	
10	252,949	17,595	28,616	39,727	
余额					

分号	2-17
总号	61

减法练习题十七

班级＿＿＿＿
姓名＿＿＿＿
学号＿＿＿＿

甲题：

序号	总 计	减 一	减 二	减 三	余 额
总计	9,762,349	465,982	597,364	526,974	
减 1	109,736	58,641	29,476	20,859	
2	268,432	37,928	98,672	72,438	
3	410,212	18,736	39,821	40,370	
4	787,666	37,125	68,245	81,296	
5	398,880	28,154	15,694	45,032	
6	183,427	39,607	81,376	50,375	
7	319,782	41,372	86,574	92,541	
8	474,368	98,602	36,172	39,879	
9	286,321	72,173	94,976	20,560	
10	125,326	35,086	40,127	46,853	
余额					

乙题：

序号	总 计	减 一	减 二	减 三	余 额
总计	4,369,520	505,732	418,674	451,396	
减 1	267,279	24,357	92,754	50,165	
2	115,924	80,903	23,896	10,124	
3	788,536	41,682	17,005	29,842	
4	237,608	84,231	37,241	15,536	
5	466,392	14,267	81,962	69,143	
6	582,384	56,708	53,076	72,438	
7	439,453	67,235	10,158	61,468	
8	328,942	34,769	13,287	73,948	
9	116,854	13,685	58,483	45,326	
10	230,509	87,264	29,253	13,792	
余额					

减法练习题十八

甲题：

序号	总计	减一	减二	减三	余额
总计	865,853	98,223	212,753	119,938	
减 1	198,357	40,028	80,712	76,021	
2	49,028	5,135	2,579	1,294	
3	28,231	9,198	5,820	9,343	
4	23,264	8,647	6,917	6,719	
5	19,768	7,238	8,735	1,686	
6	39,473	1,775	3,614	3,401	
7	48,752	6,543	4,386	6,715	
8	75,976	1,076	6,509	8,298	
9	25,387	8,905	3,872	1,675	
10	61,563	4,653	2,451	4,326	
余额					

乙题：

序号	总计	减一	减二	减三	余额
总计	4,352,506	89,593	159,942	92,534	
减 1	743,372	40,576	98,462	31,724	
2	19,305	5,074	7,134	6,273	
3	20,115	8,624	2,835	7,816	
4	49,231	4,602	9,082	5,362	
5	20,043	4,157	2,835	2,814	
6	42,496	1,846	7,083	3,587	
7	23,098	6,953	6,913	8,692	
8	37,386	1,438	5,837	4,103	
9	78,002	9,262	2,549	5,893	
10	67,122	5,346	6,782	4,981	
余额					

减法练习题十九

甲题:

序号	总 计	减 一	减 二	减 三	余 额
总计	43,542.14	9,130.56	8,326.73	9,132.52	
减 1	1,895.76	297.63	208.71	350.49	
2	462.31	49.68	36.54	26.87	
3	236.60	10.54	81.62	45.16	
4	561.25	81.46	34.79	26.05	
5	250.72	93.64	67.16	79.28	
6	592.76	147.92	170.34	145.03	
7	283.70	73.75	61.89	79.68	
8	452.19	82.34	15.35	14.59	
9	753.49	14.06	87.64	63.15	
10	260.08	72.86	69.29	89.03	
余额					

乙题:

序号	总 计	减 一	减 二	减 三	余 额
总计	16,237.03	1,703.64	4,376.35	7,482.07	
减 1	1,890.98	556.73	704.75	542.83	
2	498.54	59.21	56.09	69.78	
3	298.58	14.56	17.46	71.19	
4	364.91	49.91	94.01	83.62	
5	590.32	61.27	47.83	67.85	
6	1,450.67	726.74	236.63	439.32	
7	682.36	39.01	79.86	58.79	
8	258.25	86.43	49.86	96.40	
9	757.36	28.95	87.83	34.81	
10	242.90	61.73	13.76	27.20	
余额					

分号	2-20
总号	64

减法练习题二十

班级_____
姓名_____
学号_____

甲题:

序号	总 计	减 一	减 二	减 三	余 额
总计	36,369,217	4,054,989	3,827,124	3,889,875	
减 1	8,523,756	472,395	132,647	237,645	
2	8,949,324	324,089	243,259	327,409	
3	9,157,572	278,296	368,923	260,328	
4	4,115,743	243,876	288,697	575,921	
5	2,976,257	587,249	142,654	246,589	
6	4,478,932	684,305	258,274	532,460	
7	1,829,543	480,351	937,591	402,298	
8	2,660,321	543,276	723,854	393,465	
9	1,489,756	314,290	327,846	264,378	
10	3,180,392	128,306	403,965	648,235	
余额					

乙题:

序号	总 计	减 一	减 二	减 三	余 额
总计	42,268,896	5,238,320	4,678,215	5,599,427	
减 1	1,873,529	328,645	307,454	236,578	
2	2,769,934	232,172	193,265	342,954	
3	4,238,853	542,968	521,641	173,206	
4	2,060,304	789,213	718,532	543,687	
5	1,393,485	940,327	243,156	208,975	
6	3,175,867	521,649	349,876	302,938	
7	2,433,259	398,633	737,592	295,403	
8	9,329,493	542,964	423,031	362,854	
9	4,374,267	304,487	586,249	483,627	
10	7,616,245	635,754	327,485	652,786	
余额					

分号	2-21
总号	65

减法练习题二十一

班级_____
姓名_____
学号_____

甲题：

序号	总　计	减　一	减　二	减　三	余　额
总计	48,035,997	4,380,427	4,138,413	8,568,362	
减 1	7,293,524	687,435	284,307	319,204	
2	4,254,298	509,247	472,534	263,189	
3	9,129,326	288,649	369,476	452,703	
4	6,423,874	862,743	264,738	294,386	
5	2,337,628	275,630	534,912	526,437	
6	1,945,263	349,531	239,754	354,273	
7	2,848,215	174,208	543,298	128,308	
8	7,220,937	532,642	262,816	425,673	
9	4,215,209	209,573	429,537	523,796	
10	1,365,104	395,826	732,479	234,896	
余额					

乙题：

序号	总　计	减　一	减　二	减　三	余　额
总计	46,057,342	3,274,936	8,185,246	5,608,567	
减 1	1,573,264	152,438	243,565	176,439	
2	4,090,345	290,395	378,492	420,375	
3	7,060,286	320,407	469,238	210,358	
4	2,925,203	466,836	124,740	328,746	
5	9,105,547	207,643	273,156	623,542	
6	1,213,677	344,254	441,276	427,549	
7	2,024,543	297,402	395,054	329,624	
8	4,145,326	391,725	203,875	520,078	
9	3,989,598	208,346	367,214	423,396	
10	6,065,357	578,641	283,764	142,875	
余额					

分号	2-22
总号	66

减法练习题二十二

班级＿＿＿＿
姓名＿＿＿＿
学号＿＿＿＿

甲题：

序号	总　计	减　一	减　二	减　三	余　额
总计	48,318,285	2,863,295	7,465,201	3,831,764	
减 1	2,860,212	293,541	352,942	212,675	
2	4,033,198	324,695	276,381	432,295	
3	1,803,249	439,178	168,239	193,894	
4	3,891,935	254,399	293,943	341,269	
5	2,726,689	103,248	356,194	265,674	
6	1,075,912	244,097	428,376	349,862	
7	2,596,253	496,284	274,816	304,721	
8	3,758,329	265,293	249,324	239,068	
9	4,638,627	148,273	289,493	194,432	
10	5,933,183	295,498	345,212	291,473	
余额					

乙题：

序号	总　计	减　一	减　二	减　三	余　额
总计	46,766,423	5,898,894	8,906,121	12,845,010	
减 1	7,275,494	249,253	821,303	195,326	
2	6,114,843	829,738	121,048	162,647	
3	3,824,102	262,746	341,930	218,426	
4	2,918,733	243,809	437,265	132,859	
5	1,599,907	739,265	257,338	603,104	
6	2,566,498	564,828	267,645	725,341	
7	1,723,672	128,079	354,388	231,109	
8	3,846,851	231,457	391,305	214,089	
9	6,599,803	382,946	173,926	102,021	
10	4,228,989	260,375	732,654	231,507	
余额					

分号	2-23
总号	67

减法练习题二十三

班级＿＿＿＿
姓名＿＿＿＿
学号＿＿＿＿

甲题：

序号	总　计	减　一	减　二	减　三	余　额
总计	48,534,610	13,986,432	8,859,764	9,237,954	
减 1	1,659,753	210,739	452,697	386,293	
2	2,420,968	375,412	496,736	539,384	
3	3,898,532	263,765	268,953	357,294	
4	4,285,978	469,382	377,804	439,286	
5	5,460,435	623,754	476,260	357,924	
6	6,273,962	823,327	185,429	263,846	
7	1,935,457	172,134	306,478	357,294	
8	5,125,369	432,675	254,379	439,672	
9	3,267,458	256,398	187,654	824,297	
10	2,529,762	321,946	843,718	293,384	
余额					

乙题：

序号	总　计	减　一	减　二	减　三	余　额
总计	616,738,576	8,769,824	14,982,926	5,804,321	
减 1	1,745,283	357,924	287,459	295,384	
2	2,872,079	267,839	504,238	639,409	
3	4,294,156	440,261	753,894	286,358	
4	3,974,857	138,657	270,506	465,293	
5	5,862,134	247,136	296,389	307,806	
6	1,267,598	294,463	482,395	389,641	
7	2,864,379	720,382	637,274	506,723	
8	3,652,831	259,773	469,358	624,708	
9	4,709,126	468,239	723,024	392,165	
10	1,349,639	572,847	476,783	498,267	
余额					

减法练习题二十四

甲题：

序号	总 计	减 一	减 二	减 三	余 额
总计	42,812,387	5,963,781	8,594,261	16,895,359	
减 1	3,209,453	503,786	604,897	705,918	
2	4,408,324	702,657	803,768	904,879	
3	9,753,041	186,074	297,085	318,096	
4	2,104,598	407,832	508,943	609,154	
5	4,862,385	295,628	316,739	427,841	
6	2,978,276	312,519	423,621	534,732	
7	1,621,792	954,136	165,247	276,358	
8	3,165,248	498,572	519,683	621,794	
9	2,702,159	105,483	206,594	307,615	
10	4,310,679	640,913	750,124	860,235	
余额					

乙题：

序号	总 计	减 一	减 二	减 三	余 额
总计	86,872,924	6,815,498	15,987,627	27,642,039	
减 1	2,301,564	806,129	907,231	108,342	
2	1,509,435	105,981	206,192	307,213	
3	3,864,052	429,017	531,028	642,039	
4	4,205,619	701,265	802,376	903,487	
5	2,973,496	538,952	649,163	751,274	
6	3,189,387	645,843	756,954	867,165	
7	2,732,813	387,468	498,579	519,681	
8	3,276,359	732,815	843,926	954,137	
9	5,803,261	408,726	509,837	601,948	
10	4,420,781	970,346	180,457	290,568	
余额					

分号 2-25
总号 69

减法练习题二十五

班级＿＿＿＿
姓名＿＿＿＿
学号＿＿＿＿

甲题：

序号	总 计	减 一	减 二	减 三	余 额
总计	461,418.63	68,276.32	59,523.79	134,087.15	
减 1	17,652.84	4,185.27	5,296.38	6,317.49	
2	22,014.62	5,047.95	6,058.16	7,069.27	
3	36,781.08	9,124.02	1,235.03	2,346.04	
4	42,905.61	5,308.94	6,409.15	7,501.26	
5	25,053.72	8,086.15	9,097.26	1,018.37	
6	19,361.04	3,694.07	4,715.08	5,826.09	
7	37,436.79	1,769.13	2,871.24	3,982.35	
8	28,019.37	2,043.61	3,054.72	4,065.83	
9	43,845.92	6,278.35	7,389.46	8,491.57	
10	62,398.54	5,632.87	6,743.98	7,854.19	
余额					

乙题：

序号	总 计	减 一	减 二	减 三	余 额
总计	491,154.92	75,529.76	65,967.24	149,658.91	
减 1	52,763.95	7,428.51	8,539.62	9,641.73	
2	23,025.73	8,071.38	9,082.49	1,093.51	
3	37,892.09	3,457.05	4,568.06	5,679.07	
4	43,106.72	8,602.37	9,703.48	1,804.59	
5	16,064.83	2,029.48	3,031.59	4,042.61	
6	31,472.05	6,937.01	7,148.02	8,259.03	
7	28,547.81	4,193.46	5,214.57	6,325.68	
8	39,021.48	5,076.94	6,087.15	7,098.26	
9	24,956.13	9,512.68	1,623.79	2,734.81	
10	43,419.65	8,965.21	9,176.32	1,287.43	
余额					

珠算习题集

分号	2-26
总号	70

减法练习题二十六

班级_____
姓名_____
学号_____

甲题：

序号	总　计	减　一	减　二	减　三	余　额
总计	4,145,398.76	243,516.72	645,179.84	545,281.53	
减 1	93,470.82	2,718.65	3,678.25	6,093.58	
2	42,538.96	3,295.73	4,367.56	3,782.64	
3	10,925.43	4,602.48	1,721.34	4,285.03	
4	26,352.74	2,935.16	5,369.27	2,943.65	
5	15,094.98	7,626.05	3,826.95	3,567.49	
6	29,986.32	4,377.26	1,579.08	3,921.65	
7	75,962.43	5,267.34	6,072.35	4,277.02	
8	12,568.74	2,948.65	5,627.49	2,005.38	
9	87,496.53	7,852.94	4,736.38	3,896.41	
10	46,570.89	1,326.38	3,295.67	8,047.35	
余额					

乙题：

序号	总　计	减　一	减　二	减　三	余　额
总计	1,453,460.79	345,321.76	652,610.98	247,641.85	
减 1	91,598.76	4,359.24	2,647.28	4,563.97	
2	65,472.89	2,865.38	8,239.57	3,808.46	
3	22,953.47	2,953.84	9,773.64	9,230.13	
4	44,986.52	6,847.63	4,003.82	4,102.57	
5	70,765.39	2,305.24	4,639.72	2,954.78	
6	72,594.06	4,694.52	2,471.38	5,316.79	
7	46,172.35	2,395.37	5,260.47	8,396.28	
8	39,764.51	7,506.29	8,267.43	3,920.54	
9	28,190.72	3,895.56	1,429.75	2,867.42	
10	40,952.68	5,504.23	3,926.56	1,479.36	
余额					

分号	2-27
总号	71

减法练习题二十七

班级＿＿＿＿
姓名＿＿＿＿
学号＿＿＿＿

甲题：

序号	总　计	减　一	减　二	减　三	余　额
总计	946,258.93	149,302.95	86,712.84	252,340.15	
减 1	19,846.72	5,639.26	4,983.59	8,247.62	
2	73,265.84	4,570.38	3,502.64	4,293.19	
3	29,542.76	1,254.63	5,943.27	1,839.52	
4	34,531.05	5,947.36	2,104.75	5,407.69	
5	47,962.13	2,438.05	1,946.36	3,423.78	
6	69,684.37	7,565.28	2,735.28	8,390.16	
7	92,583.96	2,417.34	1,654.36	6,536.27	
8	40,998.74	3,692.57	5,237.08	2,048.03	
9	76,203.59	8,460.51	4,592.37	5,287.39	
10	57,048.29	5,273.64	3,828.44	6,287.73	
余额					

乙题：

序号	总　计	减　一	减　二	减　三	余　额
总计	634,257.98	145,986.74	59,764.81	153,984.06	
减 1	49,578.63	6,051.27	9,254.38	4,175.24	
2	21,924.79	3,495.64	4,173.26	3,956.31	
3	20,738.54	5,726.08	7,564.28	2,804.77	
4	98,657.42	6,305.26	5,024.95	5,936.46	
5	69,532.71	1,359.67	1,947.36	3,627.63	
6	17,613.85	5,906.26	3,642.51	6,285.03	
7	43,906.72	2,630.59	7,543.08	2,895.36	
8	79,284.96	4,726.08	5,639.26	7,950.47	
9	24,352.87	3,495.28	2,745.39	6,924.37	
10	18,709.54	6,051.27	4,237.08	7,490.56	
余额					

珠算习题集

分号	2-28
总号	72

减法练习题二十八

班级_____
姓名_____
学号_____

甲题:

序号	总 计	减 一	减 二	减 三	余 额
总计	1,489,532.74	85,632.65	115,428.96	39,674.82	
减 1	152,347.62	1,254.39	4,389.65	7,924.35	
2	21,574.86	594.68	740.36	143.09	
3	42,856.73	2,673.75	5,237.68	3,754.36	
4	93,059.24	14,904.23	74,396.07	897.36	
5	14,752.93	722.98	793.54	13,287.42	
6	23,985.74	1,052.46	2,394.26	439.27	
7	65,162.08	374.89	726.58	3,027.45	
8	25,430.76	2,346.53	20,043.27	625.62	
9	52,673.49	37,489.46	578.34	9,358.02	
10	13,254.06	4,683.94	6,243.05	237.86	
余额					

乙题:

序号	总 计	减 一	减 二	减 三	余 额
总计	2,486,293.47	135,476.08	174,356.95	95,874.23	
减 1	42,784.95	4,237.87	1,297.64	7,254.38	
2	61,932.58	724.39	60,603.68	625.39	
3	18,456.32	13,790.85	274.59	4,389.67	
4	20,384.17	3,954.32	8,965.26	6,523.06	
5	17,592.94	703.85	16,392.73	249.54	
6	120,653.79	74,295.36	2,836.29	702.65	
7	97,435.08	430.29	72,457.26	4,879.24	
8	87,921.65	2,953.78	4,230.38	326.35	
9	34,063.74	29,547.63	459.72	74.92	
10	80,967.42	3,129.76	6,254.38	70,265.48	
余额					

减法练习题二十九

分号 2-29
总号 73

甲题：

序号	总　计	减　一	减　二	减　三	余　额
总计	578,946.05	94,572.63	168,594.63	54,672.18	
减 1	104,928.35	2,954.27	6,392.73	903.85	
2	51,754.27	46,523.06	24.59	4,237.84	
3	19,862.34	3,892.67	14,658.26	625.47	
4	13,492.56	6,254.38	724.68	3,580.29	
5	26,574.39	926.57	3,968.27	20,439.36	
6	39,524.76	2,495.02	31,297.64	5,372.84	
7	18,378.95	4,504.38	30.29	14,298.53	
8	32,592.46	94.24	29,430.76	2,053.28	
9	35,204.19	26,459.26	7,429.52	472.39	
10	21,358.06	362.59	13,504.38	7,395.27	
余额					

乙题：

序号	总　计	减　一	减　二	减　三	余　额
总计	4,598,762.42	262,945.73	349,562.01	417,652.89	
减 1	78,942.65	3,875.29	28,390.53	45,487.19	
2	16,854.96	4,536.86	1,429.33	624.03	
3	903,746.58	96,275.43	3,525.07	2,935.78	
4	726,329.47	2,058.37	6,582.19	3,008.25	
5	56,948.15	5,236.48	7,504.28	42,607.89	
6	37,562.34	30,659.28	945.67	3,589.26	
7	51,749.69	2,758.34	43,268.51	4,820.09	
8	90,852.74	3,940.05	4,307.29	238.06	
9	25,106.32	7,438.26	5,489.36	9,385.67	
10	16,594.73	5,244.78	7,396.28	3,853.74	
余额					

分号	2-30
总号	74

减法练习题三十

甲题:

序号	总　计	减　一	减　二	减　三	余　额
总计	475,469.26	106,479.35	235,903.46	109,254.07	
减 1	36,237.05	29,587.26	529.37	6,059.28	
2	52,684.39	5,836.79	35,874.29	9,327.16	
3	21,952.64	7,359.82	4,903.36	8,754.09	
4	57,439.52	248.35	732.68	46,982.07	
5	32,654.78	3,596.67	24,326.51	2,639.85	
6	25,372.49	4,753.81	3,125.04	16,528.74	
7	51,762.48	3,427.26	45,392.68	2,039.58	
8	30,984.75	6,563.07	9,258.46	14,986.09	
9	12,376.24	734.59	8,563.27	754.63	
10	53,284.67	44,290.28	3,762.41	2,528.96	
余额					

乙题:

序号	总　计	减　一	减　二	减　三	余　额
总计	598,710.46	129,732.08	172,853.64	195,846.12	
减 1	35,642.75	2,819.27	7,403.56	24,396.28	
2	72,759.43	67,403.89	2,635.98	2,789.43	
3	30,108.26	6,349.15	19,254.07	3,876.25	
4	27,946.58	784.03	906.28	25,318.79	
5	78,632.45	3,259.46	70,964.13	4,895.05	
6	29,984.36	2,874.53	17,258.64	9,458.26	
7	49,453.21	35,298.46	5,287.29	8,002.74	
8	57,692.43	1,384.95	2,596.34	43,875.19	
9	62,205.74	508.36	43,967.28	7,839.62	
10	54,963.92	8,296.41	435.74	45,278.45	
余额					

分号	2-31
总号	75

减法练习题三十一

班级＿＿＿＿
姓名＿＿＿＿
学号＿＿＿＿

甲题：

序号	总　计	减　一	减　二	减　三	余　额
总计	494,762.49	98,275.06	87,304.58	145,284.97	
减 1	32,568.53	15,826.13	8,249.37	7,429.02	
2	73,694.25	6,409.76	29,394.25	36,258.36	
3	21,908.39	9,381.07	2,851.36	9,643.27	
4	19,845.72	4,537.29	3,517.24	1,478.59	
5	22,057.43	2,896.34	1,002.37	7,241.05	
6	35,162.79	9,008.25	395.92	23,817.96	
7	46,723.01	27,925.96	13,274.16	3,902.85	
8	35,948.24	7,358.43	9,039.45	16,470.64	
9	42,364.57	5,034.29	2,587.26	4,819.56	
10	13,796.08	4,853.76	7,693.19	390.27	
余额					

乙题：

序号	总　计	减　一	减　二	减　三	余　额
总计	825,819.46	135,462.38	79,125.43	298,576.24	
减 1	18,516.72	2,948.35	10,827.35	4,895.36	
2	45,978.53	4,073.92	2,950.44	37,462.79	
3	78,364.19	70,352.86	4,209.36	1,495.03	
4	20,628.37	4,935.12	3,875.29	964.56	
5	27,234.05	3,215.47	5,038.65	9,072.84	
6	30,762.43	6,043.89	3,275.89	10,438.75	
7	41,849.35	7,598.36	27,459.64	4,590.28	
8	65,012.79	3,269.43	6,378.16	5,274.84	
9	26,827.54	5,926.38	4,329.85	6,440.17	
10	45,296.23	25,647.19	9,408.41	9,278.46	
余额					

珠算习题集

分号	2-32
总号	76

减法练习题三十二

甲题：

序号	总　计	减　一	减　二	减　三	余　额
总计	547,285.19	231,467.92	120,543.84	89,143.65	
减 1	35,468.29	73,546.23	9,723.57	86.36	
2	24,279.50	25,734.96	4,659.28	7.53	
3	63,095.28	8,203.47	21,684.37	10,254.87	
4	78,354.06	2,957.28	54,783.06	26,186.53	
5	63,209.58	14,392.07	23,146.05	14,078.79	
6	24,789.31	5,948.26	4,357.28	3,469.28	
7	63,405.27	26,305.72	28,934.65	14,275.39	
8	96,234.36	53,946.28	24,078.57	4,952.07	
9	28,395.87	47,258.04	6,481.36	146.53	
10	40,578.25	36,537.25	7,845.21	5,387.06	
余额					

乙题：

序号	总　计	减　一	减　二	减　三	余　额
总计	585,609.75	198,453.76	75,950.46	66,753.94	
减 1	27,564.21	562.48	16,815.07	2,945.06	
2	64,295.48	30,275.08	25,783.95	7,386.42	
3	17,239.75	4,362.57	4,385.46	4,794.82	
4	36,714.92	24,839.65	784.25	8,074.53	
5	23,597.14	7,620.39	5,602.37	2,467.39	
6	72,453.82	38,459.34	14,283.75	23,456.92	
7	45,392.06	21,734.59	2,674.39	5,473.86	
8	18,357.24	769.48	1,417.25	2,765.93	
9	35,746.82	12,574.60	5,269.43	439.56	
10	51,374.09	48,295.13	2,185.36	1,136.92	
余额					

减法练习题三十三

分号 2-33
总号 77

班级 _____
姓名 _____
学号 _____

甲题:

序号	总 计	减 一	减 二	减 三	余 额
总计	93,894,927.35	5,940,592.67	4,303,946.35	3,567,284.95	
减 1	165,289.54	37,256.48	24,357.28	950.21	
2	292,861.37	4,590.26	5,392.66	738.46	
3	821,965.34	36,247.57	39,568.47	520.31	
4	537,825.76	3,054.29	4,095.78	473.82	
5	335,638.19	42,713.85	13,284.63	634.75	
6	417,420.48	29,247.16	53,679.38	287.93	
7	146,135.26	13,870.25	26,041.87	925.36	
8	654,320.95	4,253.64	9,425.69	634.95	
9	275,926.34	27,615.39	31,286.75	715.32	
10	360,391.52	36,124.75	14,563.27	857.43	
余额					

乙题:

序号	总 计	减 一	减 二	减 三	余 额
总计	27,435,268.35	3,025,990.46	2,347,265.74	1,095,201.46	
减 1	374,209.47	46,351.09	15,360.95	782.14	
2	652,876.39	29,546.38	9,245.07	7,354.69	
3	528,592.76	13,529.64	4,387.12	3,742.48	
4	149,078.58	70,435.39	5,606.23	5,374.39	
5	462,946.34	8,259.87	3,752.84	23,945.76	
6	203,427.06	79,248.14	16,945.46	14,278.94	
7	529,089.37	9,036.54	2,754.93	5,209.46	
8	142,378.49	29,428.31	18,945.26	288.37	
9	435,723.86	2,719.54	278.45	4,129.46	
10	369,435.74	6,024.79	3,456.28	8,243.87	
余额					

减法练习题三十四

分号 2-34
总号 78

甲题：

序号	总　计	减　一	减　二	减　三	余　额
总计	74,856,372.45	49,253,874.63	237,964.25	841,569.27	
减 1	69,425.38	5,196.72	6,498.24	9,204.95	
2	74,094.26	478.59	28,569.37	17,359.46	
3	32,743.54	1,629.47	7,285.24	25,694.08	
4	49,538.15	6,327.09	1,306.59	13,286.54	
5	75,293.27	8,396.25	46,184.37	6,730.24	
6	56,750.38	7,698.15	9,742.52	9,235.87	
7	29,453.67	4,365.08	3,481.64	4,037.29	
8	43,509.42	2,859.76	1,360.95	3,752.24	
9	87,253.74	9,326.45	37,285.04	5,829.73	
10	59,341.06	867.38	6,301.95	7,348.29	
余额					

乙题：

序号	总　计	减　一	减　二	减　三	余　额
总计	146,958,037.49	36,652,183.94	37,285,437.15	6,437,659.24	
减 1	45,394.26	7,451.06	18,956.36	26,375.12	
2	73,865.04	6,239.42	39,140.59	7,492.36	
3	59,873.52	7,025.36	8,659.27	2,821.68	
4	92,485.29	21,087.84	6,342.09	4,017.59	
5	84,007.36	4,369.18	37,815.48	3,745.37	
6	67,345.92	37,964.25	6,265.24	17,840.59	
7	93,258.41	29,647.85	10,728.45	21,869.34	
8	83,649.27	9,420.36	47,832.67	24,956.87	
9	91,275.46	2,786.59	5,047.38	28,137.25	
10	82,436.28	14,027.36	25,693.24	15,796.48	
余额					

减法练习题三十五

分号 2-35
总号 79

甲题：

序号	总　计	减　一	减　二	减　三	余　额
总计	29,237,856.74	6,437,815.28	3,972,645.37	7,348,529.43	
减 1	83,425.93	9,426.36	29,381.49	13,289.54	
2	74,094.26	7,815.28	19,482.36	24,903.76	
3	32,743.54	2,964.37	7,159.46	9,423.89	
4	49,538.15	14,556.29	8,036.94	24,037.52	
5	52,396.27	5,287.01	15,947.37	26,967.58	
6	46,570.38	4,823.67	1,463.08	295.34	
7	29,345.57	8,374.05	7,659.24	6,915.26	
8	34,905.24	5,269.37	6,518.96	3,604.87	
9	57,352.87	4,157.26	1,920.35	2,867.59	
10	39,541.06	6,329.47	27,359.46	14,935.86	
余额					

乙题：

序号	总　计	减　一	减　二	减　三	余　额
总计	14,673,958.64	3,875,196.24	7,470,250.36	2,945,238.15	
减 1	295,734.46	37,495.26	32,859.76	20,456.34	
2	134,695.87	15,374.67	25,396.49	18,365.67	
3	321,346.34	96,847.05	8,367.84	26,534.92	
4	460,915.27	75,196.26	60,951.74	29,048.73	
5	576,432.38	7,418.95	82,493.26	19,526.14	
6	140,692.52	60,295.47	70,250.34	21,085.77	
7	308,453.95	56,327.99	9,267.45	4,389.64	
8	241,908.26	28,639.45	24,095.94	23,796.25	
9	437,356.47	67,298.19	52,638.56	12,768.01	
10	262,480.94	8,056.34	73,429.38	25,287.43	
余额					

分号	2-36
总号	80

减法练习题三十六

甲题：

序号	总　计	减　一	减　二	减　三	余　额
总计	9,237,856.74	5,074,869.35	3,278,436.34	7,239,104.74	
减 1	79,425.38	29,645.74	35,920.36	18,472.35	
2	42,094.26	16,257.48	21,749.62	527.04	
3	53,743.59	27,392.05	34,815.37	743.29	
4	69,538.15	18,436.34	23,869.75	13,802.95	
5	85,396.27	36,847.05	30,547.29	7,694.38	
6	76,750.38	15,374.67	28,296.58	1,045.24	
7	29,354.57	8,367.24	7,649.35	2,854.17	
8	34,905.24	5,942.68	3,081.25	8,961.59	
9	67,352.87	7,913.57	12,738.64	3,437.25	
10	49,541.06	4,364.95	7,624.81	10,429.38	
余额					

乙题：

序号	总　计	减　一	减　二	减　三	余　额
总计	4,073,958.46	4,634,759.23	8,259,361.49	9,452,048.15	
减 1	75,439.25	21,634.34	3,596.07	6,938.26	
2	45,374.67	8,956.05	24,607.35	12,962.37	
3	62,495.38	7,025.64	27,358.62	23,102.83	
4	92,480.64	2,594.32	4,635.29	39,436.57	
5	86,357.26	9,465.87	16,374.85	16,285.34	
6	41,908.26	15,273.96	3,952.68	25,308.17	
7	78,453.95	3,546.01	24,987.36	9,437.25	
8	74,692.52	6,839.42	21,359.67	20,495.63	
9	67,435.38	7,635.27	32,941.38	16,385.48	
10	96,915.27	30,179.62	29,410.68	21,709.64	
余额					

减法练习题三十七

分号 2-37
总号 81

甲题：

序号	总　计	减　一	减　二	减　三	余　额
总计	4,175,089.15	443,516.29	329,425.69	325,269.14	
减 1	950,691.23	42,786.05	35,324.52	21,697.25	
2	68,425.69	572.38	12,827.46	43,827.62	
3	414,317.92	73,542.27	28,504.73	9,328.93	
4	152,478.27	57,296.43	56,942.86	37,254.28	
5	207,516.63	48,923.54	24,902.51	29,872.07	
6	108,234.41	4,329.48	74,380.29	27,435.12	
7	310,704.56	39,802.37	29,756.97	38,832.15	
8	135,685.24	83,920.84	28,542.43	9,827.56	
9	405,408.65	32,840.36	23,438.02	46,824.45	
10	116,658.78	57,324.28	3,789.43	53,958.23	
余额					

乙题：

序号	总　计	减　一	减　二	减　三	余　额
总计	2,605,369.38	370,795.01	297,628.59	334,496.05	
减 1	87,495.92	17,386.42	28,524.46	38,920.54	
2	95,317.45	29,138.27	32,753.84	20,964.89	
3	84,171.84	31,543.24	47,389.03	3,982.73	
4	135,972.61	60,728.93	32,903.75	39,827.36	
5	249,437.86	27,534.82	56,924.88	63,372.56	
6	79,089.18	8,237.59	24,302.67	36,393.75	
7	58,234.76	29,532.48	12,431.25	7,598.84	
8	596,425.69	86,275.92	34,823.21	64,928.35	
9	36,197.35	3,789.25	9,387.29	21,342.67	
10	402,003.78	72,438.32	5,938.16	24,803.75	
余额					

分号	2-38
总号	82

减法练习题三十八

班级＿＿＿＿＿
姓名＿＿＿＿＿
学号＿＿＿＿＿

甲题：

序号	总　计	减　一	减　二	减　三	余　额
总计	3,889,847.75	939,317.01	1,190,625.18	158,326.43	
减 1	204,635.29	4,820.57	73,285.47	25,017.35	
2	153,189.01	37,289.64	96,450.29	17,286.59	
3	489,251.39	124,568.27	362,748.65	52.32	
4	387,947.15	64,274.39	9,360.38	4,317.94	
5	312,418.42	240,139.58	70,652.49	276.28	
6	278,659.74	2,765.49	38,657.02	35,276.31	
7	138,487.62	38,605.37	69,380.27	28,794.82	
8	301,928.29	24,173.26	53,479.82	20,938.16	
9	216,347.82	49,028.75	48,503.46	17,092.45	
10	602,854.78	327,532.89	268,739.35	6,517.94	
余额					

乙题：

序号	总　计	减　一	减　二	减　三	余　额
总计	2,935,943.78	929,687.39	579,265.62	479,649.21	
减 1	343,778.85	5,263.94	78,254.38	257,438.37	
2	174,943.78	137,426.85	9,096.68	26,405.28	
3	256,234.16	83,672.34	62,749.52	4,627.54	
4	127,358.12	94,380.26	24,567.85	7,284.73	
5	265,943.98	31,275.47	29,013.26	1,957.64	
6	392,290.04	294,367.19	70,372.94	24,738.27	
7	415,640.78	75,238.75	2,785.69	35,247.96	
8	135,348.06	42,537.24	75,946.35	6,375.34	
9	325,197.23	94,395.13	200,453.96	27,846.25	
10	273,516.72	61,038.26	16,758.32	75,381.46	
余额					

分号	2-39
总号	83

减法练习题三十九

班级＿＿＿＿
姓名＿＿＿＿
学号＿＿＿＿

甲题：

序号	总　计	减　一	减　二	减　三	余　额
总计	4,908,389.61	1,401,892.79	335,478.15	291,389.32	
减 1	121,478.92	26,405.36	73,510.93	9,357.24	
2	397,635.29	4,624.75	69,275.41	20,487.35	
3	445,487.63	60,728.43	56,385.07	24,938.05	
4	232,856.61	41,759.69	27,468.04	60,478.39	
5	168,234.78	24,738.27	3,430.05	37,286.45	
6	582,158.94	35,247.96	39,256.17	14,304.92	
7	639,089.75	6,375.34	2,481.65	39,278.65	
8	976,234.98	927,846.25	9,543.74	36,942.95	
9	118,889.13	75,381.46	17,689.27	14,587.26	
10	221,764.52	53,270.94	36,207.54	30,765.18	
余额					

乙题：

序号	总　计	减　一	减　二	减　三	余　额
总计	7,976,856.43	268,187.01	371,524.18	161,671.42	
减 1	429,673.29	91,435.27	30,943.62	4,279.35	
2	153,089.35	5,276.03	25,739.85	15,426.74	
3	234,572.18	82,695.42	4,527.64	27,095.27	
4	569,948.42	71,389.26	90,948.16	3,817.64	
5	382,794.63	3,942.79	3,295.38	4,024.39	
6	197,943.82	63,267.45	24,576.54	5,246.95	
7	248,234.78	15,476.03	70,284.93	28,937.58	
8	548,054.09	39,275.18	3,845.16	6,305.26	
9	365,425.69	25,623.03	75,427.85	3,249.57	
10	102,561.26	4,872.36	40,759.41	54,967.01	
余额					

减法练习题四十

甲题：

序号	总 计	减 一	减 二	减 三	余 额
总计	6,765,309.76	465,936.74	891,293.65	425,265.29	
减 1	174,564.97	8,927.05	29,567.88	32,973.46	
2	387,386.49	78,239.64	234.01	7,329.05	
3	454,248.67	29,827.06	23,873.64	692.84	
4	593,501.45	32,845.21	982.74	57,272.43	
5	250,936.74	12,238.37	9,873.25	26,834.75	
6	713,929.72	68,982.79	932.02	69,320.24	
7	199,582.35	74,920.56	17,548.63	6,752.93	
8	227,498.62	29,825.32	735.24	96,237.84	
9	395,342.51	83,920.45	3,982.74	5,247.31	
10	464,172.38	39,204.98	2,823.65	19,824.72	
余额					

乙题：

序号	总 计	减 一	减 二	减 三	余 额
总计	9,469,875.04	414,278.52	925,389.61	642,351.43	
减 1	624,538.29	73,429.32	8,342.75	43,072.46	
2	597,349.78	50,827.39	29,567.82	7,234.51	
3	178,524.16	29,835.62	17,380.29	24,837.52	
4	352,673.39	13,426.75	28,902.85	8,327.64	
5	798,956.42	35,829.46	57,924.91	3,982.53	
6	453,234.78	12,342.67	14,308.72	23,723.62	
7	279,673.29	64,203.72	21,343.67	89,324.79	
8	724,516.45	57,924.91	35,829.46	28,576.83	
9	239,764.28	29,208.95	3,426.75	4,368.32	
10	615,678.56	46,380.29	7,629.36	7,920.35	
余额					

分　号	2-41
总　号	85

减法练习题四十一

班级_____
姓名_____
学号_____

甲题：

序号	总　计	减　一	减　二	减　三	余　额
总计	7,875,239.15	563,095.41	390,401.25	457,954.83	
减 1	190,864.52	30,297.85	40,318.96	50,429.17	
2	212,098.35	45,032.68	56,043.79	67,054.81	
3	325,901.43	58,304.76	69,405.87	71,506.98	
4	674,128.94	17,452.37	28,563.48	39,674.59	
5	452,780.16	85,120.49	96,230.51	17,340.62	
6	295,431.72	38,764.15	49,875.26	51,986.37	
7	476,084.38	19,027.62	21,038.73	32,049.84	
8	565,271.73	98,514.16	19,625.27	21,736.38	
9	726,309.14	59,603.48	61,704.59	72,805.61	
10	667,084.39	91,027.63	12,038.74	23,049.85	
余额					

乙题：

序号	总　计	减　一	减　二	减　三	余　额
总计	4,968,653.94	568,910.38	678,753.41	592,708.27	
减 1	210,975.63	60,531.28	70,642.39	80,753.41	
2	323,019.46	78,065.92	89,076.13	91,087.24	
3	536,102.54	82,607.19	93,708.21	14,809.32	
4	485,239.15	41,785.61	52,896.72	63,917.83	
5	263,890.27	28,450.73	39,560.84	41,670.95	
6	316,542.83	62,197.48	73,218.59	84,329.61	
7	487,095.49	43,051.95	54,062.16	65,073.27	
8	676,382.84	32,847.49	43,958.51	54,169.62	
9	737,401.25	83,906.72	94,107.83	15,208.94	
10	878,095.41	34,051.96	45,062.17	56,073.28	
余额					

珠算习题集

减法练习题四十二

分号 2-42
总号 86

甲题：

序号	总 计	减 一	减 二	减 三	余 额
总计	3,975,674.91	728,451.86	477,395.48	374,564.97	
减 1	458,503.98	86,325.09	34,682.75	30,296.14	
2	214,614.72	38,297.45	47,523.89	18,693.02	
3	174,692.15	89,927.31	48,369.75	35,287.53	
4	407,543.26	326,703.48	26,748.35	53,982.46	
5	754,390.48	61,328.75	60,735.38	28,327.95	
6	575,924.68	45,902.38	27,624.95	39,824.75	
7	316,287.59	11,403.28	68,735.06	28,405.92	
8	269,354.27	34,278.29	35,267.48	43,295.07	
9	468,641.95	23,340.28	70,369.84	65,347.09	
10	270,953.26	5,243.67	52,347.89	24,637.03	
余额					

乙题：

序号	总 计	减 一	减 二	减 三	余 额
总计	8,390,562.16	432,796.58	474,536.27	582,467.03	
减 1	458,631.92	83,429.56	46,827.54	28,372.56	
2	173,467.56	37,039.85	98,302.19	36,934.78	
3	541,057.24	26,928.74	20,326.01	95,829.76	
4	284,678.38	18,362.45	39,204.82	17,304.02	
5	357,601.71	27,948.23	24,925.34	75,826.07	
6	205,894.73	64,928.65	46,326.54	24,324.68	
7	538,761.17	23,725.49	36,429.50	95,247.18	
8	374,982.05	92,304.82	57,254.62	62,534.06	
9	651,759.76	20,326.01	27,543.29	48,369.28	
10	193,548.14	46,803.19	69,302.81	82,937.85	
余额					

分号	2-43
总号	87

减法测定题一

班级_____
姓名_____
学号_____

参考时间：10分钟

(1) 7,439,281.65　　(2) 8,695,741.82　　(3) 6,196,548.73
　　　　7,695.48　　　　　　　8,423.97　　　　　　587,362.49
　　　386,429.57　　　　　　43,685.29　　　　　　　　874.65
−{　　64,853.92　　　−{　　527,839.64　　　−{　　75,692.84
　　　523,748.16　　　　　　　4,967.53　　　　　　4,987.56
　　　　2,367.58　　　　　　39,258.46　　　　　875,324.97

(4) 5,873,462.59−975.24−368,296.58−4,728.96−26,849.37−692,587.43=

(5) 4,329,815.76−6,748.93−647,283.59−35,629.47−893,476.25−2,894.68=

(6) 6,147,658.29−29,485.37−879.46−894,392.75−8,247.96−936,754.82=

(7) 7,294,857.03−6,124.95−841.27−729,058.13−81,234.95−57,346.28=

(8) 8,923,048.56−791.48−4,836,127.95−857,613.42−704.38−8,914.37=

(9) 5,392,381.77−735,049.82−61,394.42−9,267.85−32.14−52,148.39=

(10) 8,623,047.09−98.47−78,259.34−2,839,132.97−7,397.28−56,431.92=

(11) 4,945,782.89　　(12) 5,837,962.72　　(13) 7,297,894.36
　　　　4,830.72　　　　　　　5,873.68　　　　　　748,396.84
　　　　57,243.53　　　　　　78,394.86　　　　　　　4,628.76
−{　　　4,339.78　　　−{　　436,859.32　　　−{　　72,364.98
　　　637,985.42　　　　　　　8,957.38　　　　　　74,389.75
　　　　87,369.78　　　　　　43,582.79　　　　　　849,374.61

(14) 6,742,169.58−847.39−39,276.48−628,193.76−4,389.64−94,385.49=

(15) 2,986,783.64−728,174.69−4,758.34−63,894.37−683.72−8,329.74=

(16) 3,729,843.78−83,725.94−475.38−261,394.87−4,186.59−68,731.49=

(17) 4,836,275.29−73,529.73−947.82−21,838.97−8,376.48−843,795.31=

(18) 8,394,738.24−8,371.62−514.98−73,957.46−741,285.35−75,418.93=

(19) 6,736,191.75−514.83−842,397.15−9,589.46−51,417.65−95,197.46=

(20) 5,294,317.48−187,452.13−189.84−41,798.53−643,217.85−59,724.38=

完成题_____　　　　正确题_____

珠算习题集　83

减法测定题二

分号 2-44
总号 88

参考时间：10分钟

（1） 5,967,352.19	（2） 6,178,463.21	（3） 7,289,574.32
3,804.72	4,905.83	5,106.94
− 412,630.48	− 523,740.59	− 634,850.61
25,187.39	36,298.41	47,319.52
140,859.07	250,961.08	360,172.09
76,453.62	87,564.73	98,675.84

（4）8,391,685.43−6,207.15−745,960.72−58,421.63−470,283.01−19,786.95＝

（5）9,412,796.54−7,308.26−856,170.83−69,532.74−580,394.02−21,897.16＝

（6）5,523,817.65−8,409.37−967,280.94−71,643.85−690,415.03−32,918.27＝

（7）6,634,928.76−9,501.48−178,390.15−82,754.96−710,526.04−43,129.38＝

（8）7,745,139.87−1,602.59−289,410.26−93,865.17−820,637.05−54,231.49＝

（9）8,856,241.98−2,703.60−391,520.37−14,976.28−930,748.06−65,342.51＝

（10）3,463,023.59−61,405.18−43,876.54−57,653.01−516,397.93−48,102.89＝

（11） 4,574,034.61	（12） 5,685,045.72	（13） 6,796,056.83
72,506.29	83,607.31	94,708.42
53,987.65	64,198.76	75,219.87
− 68,764.02	− 79,875.03	− 81,986.04
627,418.14	738,529.25	849,631.36
59,203.91	61,304.12	72,405.23

（14）7,817,067.94−15,809.53−86,321.98−92,197.05−951,742.47−83,506.34＝

（15）8,928,078.15−26,901.64−97,432.19−13,218.06−162,853.58−94,607.45＝

（16）9,139,089.26−37,102.75−18,543.21−24,329.07−273,964.69−15,708.56＝

（17）4,241,091.37−48,203.86−29,654.32−35,431.08−384,175.71−26,809.67＝

（18）5,352,012.48−59,304.97−31,765.43−46,542.09−495,286.82−37,901.78＝

（19）6,463,023.59−61,405.18−42,876.54−57,653.01−516,397.93−48,102.89＝

（20）5,374,208.39−50,791.32−124,107.43−74,631.26−408,585.68−2,979.56＝

完成题＿＿＿＿　　　　　正确题＿＿＿＿

分号	3-1
总号	89

第三部分[①]

加减练习题一

班级＿＿＿＿＿
姓名＿＿＿＿＿
学号＿＿＿＿＿

(1)	45,743	(2)	394,273	(3)	29,878	(4)	35,498
	−29,148		−　6,274		−69,843		−72,386
	73,269		378,245		42,703		98,152
	24,501		6,123		937		21,064
	12,753		83,274		50,692		82,473
	26,325		54,367		357,216		21,645
	−40,728		−90,384		−34,780		−40,878
+)	98,306	+)	75,812	+)	92,602	+)	764,935

(5)	83,249	(6)	21,643	(7)	35,726	(8)	37,245
	−31,236		−57,812		−69,254		−94,826
	25,860		42,153		89,307		25,348
	38,204		14,307		42,034		30,478
	7,462		26,274		34,896		74,315
	−726,943		−87,612		−29,897		−38,569
	892,132		302		304		40,372
+)	2,496	+)	38,254	+)	84,325	+)	32,504

(9)	19,043	(10)	62,493	(11)	30,478	(12)	29,465
	84,762		18,437		25,234		14,240
	−252,458		−53,278		−62,849		−92,386
	2,967		39,624		24,372		35,892
	84,629		83,972		53,946		41,024
	−26,327		−30,421		−80,478		−84,762
	73,021		72,627		31,654		98,243
+)	48,259	+)	98,635	+)	87,429	+)	2,867

[①] 加减法练习题答案中，有正数，也有负数（用"−"号表示）。

分号	3-2
总号	90

加减练习题二

班级_____
姓名_____
学号_____

```
(1)      975,462      (2)       35,426      (3)       36,234      (4)      826,784
     −    41,826           −    93,236           −    23,475           −    40,255
          30,148                62,451                42,308                 2,486
     −    45,312                20,027           −    64,230           −     3,024
          23,478           −    36,234                92,768                19,826
          75,083                23,465                98,421                38,292
          42,391                62,007                40,205                94,364
     +)   83,924           +)   92,763           +)   93,487           +)   30,487
     ─────────────            ─────────────           ─────────────         ─────────────


(5)      743,262      (6)      546,327      (7)      783,521      (8)      285,637
     −    85,396           −    26,728           −    16,234           −    94,362
          48,084                87,324                53,126                 4,873
          32,503                30,162                14,521                35,278
     −    93,262           −    28,384           −     4,027           −    96,234
           5,387                24,378                21,687                38,929
         321,721                 7,480                 6,024                 6,348
     +)    8,376           +)   30,798           +)   28,853           +)   43,041
     ─────────────          ─────────────         ─────────────         ─────────────


(9)      743,254      (10)     452,427      (11)     961,247      (12)     653,742
     −   349,623           −    32,984           −     6,852           −     4,037
          89,329                 6,428                74,625                29,656
          43,041           −    37,045           −    51,406           −    34,302
     −    53,623                13,024                 3,682                15,643
           2,193                 5,237                87,693                90,426
          96,124               239,752                 5,241                20,487
     +)    4,539           +)    4,206           +)   89,652           +)   42,912
     ─────────────         ─────────────         ─────────────         ─────────────
```

分号	3-3
总号	91

加减练习题三

(1)	932,486	(2)	123,548	(3)	247,452	(4)	342,203
	54,275		24,406		29,248		38,312
	−312,754		387,439		−463,287		−694,821
	50,132		49,206		34,502		50,535
	77,429		98,756		41,526		32,453
	−720,398		−354,201		−732,945		−823,547
	40,927		20,567		30,486		26,514
＋)	635,729	＋)	784,036	＋)	349,803	＋)	729,608

(5)	231,085	(6)	624,910	(7)	536,823	(8)	758,317
	56,348		92,132		61,278		21,643
	−927,437		−359,236		−370,245		−358,781
	19,286		54,203		45,308		94,307
	319,254		638,972		632,946		764,236
	− 30,425		− 25,302		− 30,492		− 83,258
	82,796		92,257		21,452		32,079
＋)	734,523	＋)	842,529	＋)	623,871	＋)	732,836

(9)	432,945	(10)	871,536	(11)	720,493	(12)	623,271
	26,729		52,141		88,962		38,529
	−638,237		−289,745		−745,326		−481,048
	17,032		23,947		93,289		54,304
	328,586		267,982		632,452		293,468
	− 84,706		− 21,038		− 36,409		− 24,528
	70,349		24,873		27,431		72,354
＋)	317,852	＋)	532,674	＋)	385,296	＋)	962,204

珠算习题集

加减练习题四

(1)	28,716	(2)	5,104.22	(3)	1,705.37	(4)	5,670.64
	35,207		8,386.07		2,456.16		4,722.08
	42,175		1,269.26		4,712.37		8,136.53
	36,283		2,635.40		8,214.56		1,716.34
	29,816		3,186.79		3,108.83		2,579.81
	40,815		6,021.13		2,936.73		6,114.02
	39,202		5,128.97		3,961.18		1,989.08
	41,076		7,120.33		4,827.61		8,008.90
	53,100		6,915.26		3,562.89		7,500.06
+)	48,157	+)	9,918.01	+)	9,103.78	+)	1,222.48

(5)	26,716	(6)	576,924	(7)	422,275	(8)	264,820
	35,184		127,039		729,390		−176,486
	26,780		1,354		− 13,040		258,452
	31,425		24,298		51,936		−473,360
	40,016		307,968		468,792		275,894
	16,125		6,834		27,846		238,067
	43,180		71,835		−376,087		−433,542
	35,472		45,327		374,495		716,803
	71,089		208,439		−859,373		257,384
+)	41,651	+)	217,542	+)	407,045	+)	608,937

(9)	39,618	(10)	8,278.06	(11)	1,243.67	(12)	4,367.20
	−48,276	−	12.59		80.37	−	794.63
	35,629		9,287.04	−	54.35		5,879.64
	−10,378		1,463.42		764.39	−	328.09
	56,706	−	420.45	−	34.69		9,834.82
	47,208		526.92		408.93		543.60
	81,365		6,037.25		524.47		5,072.34
	17,163	−2,674.58		−	29.05	−	609.89
	−25,748		507.83		34.30		540.73
+)	61,205	+)	354.37	+)	24.39	+)	109.04

分号	3-5
总号	93

加减练习题五

	(1)	2,423,679	(2)	5,423,765	(3)	1,364,578	(4)	3,456,274
		21,354		82,456		68,798		29,381
		57,468		53,267		27,263		59,624
	−	35,629	−	45,892	−	64,709	−	48,357
		1,736		5,249		5,437		5,298
	−	42,853	−	76,385	−	47,584	−	26,937
		3,479		34,674		38,835		42,863
	+)	324,586	+)	82,653	+)	38,947	+)	37,502

	(5)	3,249,476	(6)	8,243,695	(7)	7,257,689	(8)	2,263,497
		12,465		92,476		23,461		34,965
	−	43,587	−	89,742	−	74,529	−	59,348
		25,783		53,461		71,246		42,786
		4,792		7,298		3,675		6,923
	−	68,753	−	47,265	−	59,483	−	24,857
		4,261		6,582		2,437		2,976
	+)	293,476	+)	938,403	+)	754,608	+)	315,840

	(9)	4,283,670	(10)	6,482,574	(11)	9,543,642	(12)	297,654
	−	14,523		49,236		42,178	−	24,857
		64,692		42,893		31,429		62,933
		49,263		72,386		25,356	−	2,593,467
		54,789		57,249		72,857		43,409
	−	6,423	−	3,245	−	9,236	−	56,768
		37,547		62,589		38,495		43,572
	+)	652,867	+)	374,170	+)	492,587	+)	65,924

分 号	3-6
总 号	94

加减练习题六

班级＿＿＿＿＿＿
姓名＿＿＿＿＿＿
学号＿＿＿＿＿＿

```
(1)     5,886.86      (2)     2,417.74      (3)     2,040.80      (4)     4,080.90
          213.42                  69.50                698.64                116.29
   −      359.06          −     673.80           −    237.25           −    672.53
        1,006.88                  32.78                896.98                649.30
   −      454.39          −     848.67           −    235.47           −    402.09
          670.02                 701.40                 12.65                945.80
   −      725.88          −      64.98           −    204.26           −    318.19
          199.89                 743.47                769.23                673.06
          317.74               6,512.40                138.26                426.10
   +)      59.60          +)    985.64           +)   481.06           +)   957.84


(5)     2,854.09      (6)     3,711.60      (7)     6,354.08      (8)     9,674.31
          401.08                 536.08                759.96                552.63
          395.70               1,317.54                149.38                418.06
   −    5,117.62          −  6,509.23           −     80.50           −     25.78
          630.07                  75.41              1,760.63                174.25
   −      156.42                 308.05                254.69                850.41
          774.65          −     637.49           −    171.42           −    780.90
   −      273.01                  62.81                905.60                200.08
          639.72                 750.12           −    831.06                543.72
   +)     104.83          +)    426.38           +) 3,390.87           +)   294.67


(9)     5,175.17      (10)    9,284.02      (11)    7,043.72      (12)    8,736.43
          857.65                  12.59                 50.07                536.24
   −      345.06          −   1,274.06           −    729.04           −    820.40
          947.91                 453.21                242.83                697.23
   −    2,096.43          −     321.53           −  6,290.84           −  9,870.14
        3,810.40                 838.62                346.72                754.89
          784.56               6,305.72              2,824.09           −    427.83
   −      412.08          −     267.95           −    523.26                560.08
          258.10                 235.09                802.72                634.29
   +)   7,671.92          +)  3,457.63           +)   724.89           +)   366.80
```

分 号	3-7
总 号	95

加减练习题七

班级_____
姓名_____
学号_____

```
(1)     2,493,738        (2)     5,243,657        (3)     7,244,576        (4)     3,493,857
  －      111,265          －      342,624          －      631,513          －      351,213
           34,957                   63,235                   36,552                   65,492
  －      128,265          －      325,289                  456,294          －      658,583
            2,217                    7,125                    5,232                    6,296
  －      239,425          －      463,594          －      725,325          －      923,253
  ＋)     758,283          ＋)     583,298          ＋)     441,547          ＋)     213,966
  ─────────────            ─────────────            ─────────────            ─────────────



(5)     3,243,659        (6)     2,648,243        (7)     4,624,287        (8)     7,728,865
  －      120,827          －      298,783          －      419,391          －      392,287
           56,376                   54,294                   57,283                   65,341
  －      267,245          －      462,685          －      831,342          －      926,257
            1,297                    6,287                    3,143                    6,513
  －      457,833          －      362,957          －      931,428          －      812,219
  ＋)     327,548          ＋)     126,246          ＋)      75,394          ＋)     198,246
  ─────────────            ─────────────            ─────────────            ─────────────



(9)     4,827,865        (10)    6,462,875        (11)    8,426,753        (12)    6,725,462
  －      223,342          －      892,340          －      520,347          －      452,734
           54,321                   45,326                   68,642                   14,254
  －      275,246          －      375,398          －      752,492          －      975,482
            6,157                    7,158                    1,120                    4,327
  －      462,365          －      682,246          －      563,289          －      643,217
  ＋)     132,420          ＋)     242,430          ＋)     214,215          ＋)     364,175
  ─────────────            ─────────────            ─────────────            ─────────────
```

加减练习题八

分号	3-8
总号	96

班级＿＿＿＿
姓名＿＿＿＿
学号＿＿＿＿

```
(1)    7,543,854      (2)    2,789,564      (3)    8,364,579      (4)    4,526,624
      -1,472,827            -3,546,789            -2,436,712            -1,237,435
          45,234                43,294                45,387                69,357
      -1,767,256            -3,745,437            -3,432,259            -4,321,725
             958                   254                   428                   645
      -    429,785        -    927,586        -    196,382        -    836,725
      +)    24,169        +) 1,438,650        +)    78,415        +)    67,692
      ─────────────      ─────────────      ─────────────      ─────────────


(5)    8,476,293      (6)    1,543,624      (7)    9,436,235      (8)    3,275,964
      -1,432,614            -5,823,121            -1,542,986            -1,302,576
          67,425                19,382               758,672               832,731
      -5,327,486            -9,246,840            -4,298,738            -2,312,286
             692                   512               374,821               823,734
      -    275,927        -    324,856        -        154        -        308
      +)    31,242        +)    42,783        +)    25,359        +)    53,082
      ─────────────      ─────────────      ─────────────      ─────────────


(9)    7,350,826      (10)   4,583,617      (11)   2,432,054      (12)   6,934,537
      -1,932,405            -2,344,509            -6,892,153            -8,235,836
         241,938               283,027               327,920               730,259
      -        265        -        742        -        445        -        542
         386,547               829,708               682,934               927,865
      -     44,623        -     67,256        -     62,453        -     89,420
      +)     2,039        +)     9,087        +)     8,124        +)     6,856
      ─────────────      ─────────────      ─────────────      ─────────────
```

分号	3-9
总号	97

加减练习题九

班级＿＿＿＿＿＿＿
姓名＿＿＿＿＿＿＿
学号＿＿＿＿＿＿＿

```
(1)    8,912.50      (2)    6,945.18      (3)    5,743.93      (4)    4,385.36
         139.57               563.01             200.10             506.14
      −9,316.84            −3,273.86          −9,346.08          −8,943.27
       7,894.12             6,085.94             843.72             956.63
      −  645.09            −3,425.43          −3,564.56          −7,354.74
       2,734.16               819.77             107.75             208.54
      −1,835.78            −3,641.79          −5,434.76          −6,145.09
     +)   754.24          +)   915.46        +) 4,019.58        +) 3,813.58
       ────────             ────────           ────────           ────────
```

```
(5)    7,634.95      (6)    3,421.76      (7)    9,257.01      (8)    1,467.85
      −   219.08           −  107.09             308.06          −   380.67
       9,645.61             4,519.64           7,416.29           4,325.01
       4,635.59             7,654.38           5,864.73           6,745.10
      −   754.87             3,067.45          9,201.58           7,893.45
       3,489.52           −   834.95         −   416.27          −   503.40
       1,864.30             6,457.83           8,637.29           9,387.79
      +)   144.76         +)   273.75        +)   834.17        +)   548.63
       ────────             ────────           ────────           ────────
```

```
(9)    2,704.01      (10)   5,432.40      (11)   8,790.28      (12)  50,067.93
      −   635.18           −  895.42         −   936.12          −    75.67
       6,489.23             1,547.76           3,643.75           5,601.45
       8,293.41             7,825.37           6,702.31           8,101.06
       5,076.28             6,748.10           7,940.60           4,005.09
      −   318.57           −   504.25        −   808.42          −   926.73
       9,436.46             9,387.96           6,175.03           3,567.24
      +)   843.29         +)   293.75        +)   230.12        +)   850.28
       ────────             ────────           ────────           ────────
```

分号	3-10
总号	98

加减练习题十

班级＿＿＿＿＿
姓名＿＿＿＿＿
学号＿＿＿＿＿

```
(1)    2,943,752      (2)   16,432,675     (3)    8,529,442     (4)    7,560,208
     − 1,375,424           − 2,361,487         − 4,825,320         − 1,435,456
         529,675                24,459             274,265             287,270
     −   924,605           − 1,857,676         −   934,723         − 2,327,253
           6,327             5,426,723                 275             528,061
     −    13,485           −      201         −   743,674         −     9,360
     +)   50,005           +)    4,907         +)   14,906         +)    2,427
     ─────────             ──────────         ──────────          ──────────


(5)    7,532,768      (6)   24,257,673     (7)    9,528,794     (8)   84,562,240
     − 2,432,326           − 4,327,426         − 3,543,457         − 4,348,236
         120,540               216,483             232,673             259,624
     −   875,648           −   734,525         − 1,934,672         − 2,483,546
           4,230               213,327             274,728             429,863
     −   695,426           −     5,276         −   924,857         −    69,857
     +)    2,743           +)      432         +)       21         +)       54
     ─────────             ──────────         ──────────          ──────────


(9)    5,975,426     (10)    7,528,321    (11)   34,562,245    (12)   29,436,220
     − 1,934,576           − 2,579,423         − 5,962,463         − 2,578,672
         112,300               284,346             483,552              29,842
     −   756,341           −   942,605         − 7,429,866         −14,287,653
           2,746                   486              26,321               6,872
     − 3,215,697           −   752,377         − 2,438,645         −     4,825
     +)      998           +)   82,472         +)    3,564         +)    2,724
     ─────────             ──────────         ──────────          ──────────
```

加减练习题十一

	(1) 45,276,578	(2) 26,369,128	(3) 5,426,783	(4) 12,756,432
	− 348,243	− 746,261	− 2,583,346	− 4,123,277
	734	8,009,218	46,389	85,476
	− 52,685	−77,196,735	− 753,321	− 743,256
	468	78,324	7,435	785
	− 527,346	−27,209,005	− 967,534	− 954,623
	+) 327	+) 30,486	+) 12,367	+) 62,946

	(5) 74,546,362	(6) 4,234,657	(7) 13,468,745	(8) 4,753,296
	1,647	385,429	− 3,402,277	− 1,842,697
	− 45,437	64,520	58,346	37,294
	645,216	6,530,489	− 243,954	− 746,285
	−16,432,175	344	1,578	7,645
	− 146,529	2,852,647	− 327,345	− 527,847
	+) 1,245,783	+) 7,462	+) 13,276	+) 4,598

	(9) 8,426,749	(10) 28,465,437	(11) 4,564,367	(12) 6,734,657
	− 527,645	− 1,436,249	− 385,549	− 472,894
	13,287	75,467	54,597	47,321
	− 753,269	− 978,252	− 275,345	− 764,285
	3,467	6,346	8,957	7,483
	− 762,464	− 643,276	− 762,875	− 854,945
	+) 262,649	+) 2,948	+) 26,784	+) 75,294

分号	3-12
总号	100

加减练习题十二

班级＿＿＿＿
姓名＿＿＿＿
学号＿＿＿＿

```
(1)     25,913.76      (2)     62,943.26      (3)     16,573.62      (4)     28,504.27
         3,564.18              15,753.67              7,898.39              2,530.47
  —      4,782.15       —     37,614.89       —      3,258.27       —      4,159.19
         2,365.43               8,426.73                486.14              8,248.37
         5,493.28                 956.17       —     27,931.56       —      4,127.65
  —      8,967.54                 845.75              2,892.45              1,925.49
           834.86                 669.68              3,925.67              6,573.62
           647.28               3,758.35              1,276.54       —      7,046.15
  —      6,520.49       —     35,654.93       —      4,837.90              2,931.58
  +)     2,943.26      +)     32,916.54      +)        415.17      +)        328.14
  ─────────────         ─────────────         ─────────────         ─────────────


(5)     36,094.38      (6)     42,346.75      (7)     76,234.08      (8)     68,430.35
         5,423.84               6,512.04                839.64              4,104.76
  —      2,785.08                 734.28       —      8,642.72       —      7,420.39
         1,344.72       —       3,568.42              3,482.90       —     85,104.26
  —      3,698.90               2,914.96       —        437.06              3,428.76
         4,564.07       —       1,467.38              5,462.37                616.43
  —      6,822.92                 853.08       —        309.62       —      7,025.07
           713.37       —         704.46             10,724.53                337.82
         5,645.98               4,630.57              1,427.46              4,673.29
  +)       364.28      +)         198.45      +)      4,058.09      +)        846.05
  ─────────────         ─────────────         ─────────────         ─────────────


(9)     57,693.49     (10)     20,732.96     (11)     57,762.89     (12)     43,276.49
  —      2,104.25       —       6,701.95                275.06                509.26
           736.04               2,527.47       —      7,624.58       —      6,873.05
  —     57,072.92       —       4,238.87              2,534.67              9,248.27
         9,427.16                 589.02                703.26       —      7,850.76
           516.34               9,756.49       —      5,824.68                229.36
  —      8,702.68                 208.12              6,724.71       —      4,598.24
           327.49       —       3,540.27                586.94              3,642.80
         2,673.05                 129.35       —     20,736.53              2,842.92
  +)       964.27      +)       4,723.06      +)      1,574.09      +)        347.51
  ─────────────         ─────────────         ─────────────         ─────────────
```

加减练习题十三

(1)	168,923.56	(2)	651,234.98	(3)	723,564.81	(4)	926,328.74
	15,426.87		21,786.34		−28,324.54		−72,629.32
	−12,435.61		−65,342.09		−97,412.56		63,252.36
	−41,839.24		−32,012.46		47,536.09		−21,017.45
	51,436.15		6,482.89		− 3,208.65		− 6,248.73
	− 6,234.78		− 9,786.53		4,033.27		5,623.54
	5,402.67		468.36		896.42		702.35
	− 3,674.28		− 5,234.08		− 9,314.06		3,896.42
	9,060.20		2,742.53		4,987.21		− 8,327.09
+)	418.27	+)	9,618.24	+)	2,506.93	+)	6,214.69

(5)	279,362.43	(6)	324,857.69	(7)	852,239.60	(8)	536,238.74
	− 1,544.78		6,312.87		− 3,627.38		1,682.99
	38,240.67		−37,286.42		71,825.75		−37,505.42
	−45,620.30		−34,258.64		−43,703.21		95,328.65
	767.49		964.82		− 842.67		− 942.36
	− 389.42		− 792.36		7,530.49		− 2,543.07
	6,728.84		− 9,285.29		− 8,796.24		6,204.52
	−23,204.56		18,629.24		29,826.43		−93,438.72
	826.35		983.65		732.52		632.45
+)	9,175.46	+)	4,523.14	+)	6,505.71	+)	4,126.70

(9)	437,262.25	(10)	548,392.54	(11)	963,127.31	(12)	287,423.31
	853.96		− 923.73		853.29		− 576.65
	1,480.84		3,731.48		− 4,280.48		− 3,298.46
	−34,523.03		−26,350.74		23,456.07		−72,385.03
	5,239.26		− 7,329.67		− 4,293.64		8,254.60
	− 953.68		304.52		− 645.27		− 392.46
	2,573.29		− 3,146.02		− 2,403.53		7,153.27
	−40,269.52		29,321.05		69,420.27		56,235.42
	389.37		649.23		329.53		896.44
+)	34,289.32	+)	40,128.75	+)	19,826.45	+)	23,445.09

加减练习题十四

(1) 5,798,103.46
　　 − 10,239.62
　　 − 56,074.25
　　　 21,530.87
　　 − 34,198.06
　　　 95,047.48
　　 −　6,973.25
　　　 42,180.36
　　　　1,275.83
　 +)　78,196.54

(2) 6,819,204.57
　　　 20,341.73
　　 − 67,085.36
　　 − 32,640.98
　　　 45,219.07
　　　 16,058.59
　　 −　7,184.36
　　 − 53,290.47
　　　　2,386.94
　 +)　89,217.65

(3) 7,921,305.68
　　　 30,452.84
　　 − 78,096.47
　　 − 43,750.19
　　　 56,321.08
　　　 27,069.61
　　 −　8,295.47
　　　 64,310.58
　　 −　3,497.15
　 +)　91,328.76

(4) 8,132,406.79
　　 − 40,563.95
　　 − 89,017.58
　　　 54,860.21
　　 − 67,432.09
　　　 38,071.72
　　 −　9,316.58
　　　 75,420.69
　　　　4,518.26
　 +)　12,439.37

(5) 9,243,507.81
　　　 50,674.16
　　 − 91,028.69
　　 − 65,970.32
　　　 78,543.01
　　 − 49,082.83
　　 −　1,427.69
　　　 86,530.71
　　　　5,629.37
　 +)　23,541.98

(6) 1,354,608.92
　　　 60,785.27
　　 − 12,039.71
　　 − 76,180.43
　　　 89,654.02
　　 − 51,093.94
　　 −　2,538.71
　　　 97,640.82
　　　　6,731.48
　 +)　34,652.19

(7) 2,465,709.13
　　　 70,896.38
　　 − 23,041.82
　　 − 87,290.54
　　　 91,765.03
　　　 62,014.15
　　 −　3,649.82
　　 − 18,750.93
　　　　7,842.59
　 +)　45,763.21

(8) 3,576,801.24
　　　 80,917.49
　　 − 34,052.93
　　 − 98,310.65
　　　 12,876.04
　　 − 73,025.26
　　 −　4,751.93
　　　 29,860.14
　　　　8,953.61
　 +)　56,874.32

(9) 1,274,839.06
　　　 36,954.65
　　 − 21,036.41
　　　 57,302.46
　　　 31,150.89
　　 − 90,827.13
　　 −　9,584.21
　　　 47,823.68
　　　　2,908.56
　 +)　57,981.09

(10) 2,385,941.07
　　　 47,165.76
　　 − 32,047.52
　　 − 68,403.57
　　　 42,260.91
　　 − 10,938.24
　　 −　1,695.32
　　　 58,934.79
　　　　3,109.67
　 +)　68,192.01

(11) 3,496,152.08
　　 − 58,276.87
　　 − 43,058.63
　　　 79,504.68
　　　 53,370.12
　　　 20,149.35
　　 −　2,716.43
　　 − 69,145.81
　　　　4,201.78
　 +)　79,213.02

(12) 4,687,902.35
　　 − 90,128.51
　　 − 45,063.14
　　　 19,420.76
　　 − 23,987.05
　　　 84,036.37
　　 −　5,862.14
　　　 31,970.25
　　　　9,164.72
　 +)　67,985.43

分 号	3-15
总 号	103

加减练习题十五

班级＿＿＿＿＿＿
姓名＿＿＿＿＿＿
学号＿＿＿＿＿＿

(1)	15,950.47	(2)	26,160.58	(3)	37,270.69	(4)	48,380.71
	42,089.36		53,091.47		64,012.58		75,023.69
	−15,804.18		−26,905.29		−37,106.31		−48,207.42
	78,563.45		89,674.56		91,785.67		12,895.78
	−21,473.24		32,584.35		43,695.46		54,716.57
	−57,363.02		−68,474.03		−79,585.04		81,696.05
	75,036.54		86,047.65		97,058.76		18,069.87
	−31,297.87		−42,318.98		−53,429.19		−64,531.21
	80,679.18		−90,781.29		−10,892.31		20,913.42
+)	96,206.92	+)	17,307.13	+)	28,408.24	+)	39,509.35

(5)	61,510.93	(6)	72,620.14	(7)	83,730.25	(8)	59,490.82
	97,045.82		18,056.93		29,067.14		86,034.71
	−61,409.64		−72,501.75		−83,602.86		−59,308.53
	−34,127.91		45,238.12		−56,349.23		−23,916.89
	76,938.79		87,149.81		98,251.92		65,827.68
	−12,828.07		−23,939.08		−34,141.09		−91,717.06
	31,082.19		42,093.21		53,014.32		29,071.98
	86,753.43		97,864.54		−18,975.65		75,642.32
	−40,235.64		−50,346.75		−60,457.86		−30,124.53
+)	52,702.57	+)	63,803.68	+)	74,904.79	+)	41,601.46

(9)	94,840.36	(10)	17,263.09	(11)	28,374.01	(12)	39,485.02
	31,078.25		69,387.98		71,498.19		82,519.21
	−94,703.97		−54,069.74		−65,071.85		−76,082.96
	67,451.34		81,605.79		92,706.81		−13,807.92
	−19,362.13		−64,480.23		−65,590.24		76,610.35
	−45,252.01		−30,251.46		−40,362.57		−50,473.68
	64,025.43		−43,827.54		−54,938.65		−65,149.76
	−29,186.76		71,256.92		82,367.13		93,478.24
	−70,568.97		−25,302.89		−36,403.91		−47,504.12
+)	85,105.81	+)	81,324.03	+)	92,435.04	+)	13,546.05

加减练习题十六

(1)　　21,546,803	(2)　　32,657,904	(3)　　43,768,105	(4)　　54,879,206
−15,629,045	26,731,056	37,842,067	−48,953,078
41,396,427	52,417,538	63,528,649	74,639,751
−82,574,932	−93,685,143	−14,796,254	−25,817,365
76,028,519	87,039,621	98,041,732	−19,052,843
30,764,857	−40,875,968	50,986,179	60,197,281
−13,680,584	−24,790,695	−35,810,716	−46,920,827
−59,717,069	61,828,071	72,939,082	83,141,093
92,386,173	−13,497,284	24,518,395	−35,629,416
+)　20,312,058	+)　30,423,069	+)　40,534,071	+)　50,645,082

(5)　　76,192,408	(6)　　87,213,509	(7)　　98,324,601	(8)　　65,981,307
−61,275,091	72,386,012	83,497,023	59,164,089
96,852,973	17,963,184	28,174,295	85,741,862
−47,139,587	−58,241,698	−69,352,719	−36,928,476
−32,074,165	43,085,276	54,096,387	−21,063,954
80,329,413	90,431,524	−10,524,635	70,218,392
68,240,149	−79,350,251	81,460,362	−57,130,938
−15,363,025	−26,474,036	−37,585,047	−94,252,014
57,842,638	68,953,748	−79,164,859	46,731,527
+)　70,867,014	+)　80,978,025	+)　90,189,036	+)　60,756,093

(9)　　19,435,702	(10)　　80,413,459	(11)　　90,524,561	(12)　　10,635,672
94,518,034	78,096,242	89,017,353	91,028,464
39,285,316	64,709,159	75,801,261	−86,902,372
−71,463,821	−20,467,812	−30,578,923	−40,689,134
65,017,498	48,308,675	59,409,786	61,501,897
20,653,746	16,029,817	27,031,928	−38,042,139
92,570,473	50,783,591	60,894,612	70,915,723
48,696,058	86,216,253	97,327,364	18,438,475
−81,275,961	−64,610,723	−75,720,834	−86,830,945
+)　10,291,047	+)　13,592,618	+)　24,613,729	+)　35,724,831

加减练习题十七

(1)	129,304.75	(2)	231,405.86	(3)	342,506.97	(4)	453,607.18
	475,204.63		586,305.74		697,406.85		718,507.96
	−210,735.28		−320,846.39		−430,957.41		−540,168.52
	851,968.14		962,179.25		−173,281.36		−284,392.47
	−607,319.67		−708,421.78		809,532.89		901,643.91
	128,073.59		−239,084.61		341,095.72		−452,016.83
	−816,954.23		927,165.34		138,276.45		249,387.56
	706,725.69		−807,836.71		−908,947.82		−109,158.93
	−328,690.45		439,710.56		−541,820.67		652,930.78
+)	415,283.08	+)	526,394.09	+)	637,415.01	+)	748,526.02

(5)	897,102.53	(6)	918,203.64	(7)	501,791.26	(8)	564,708.29
	253,902.41		364,103.52		450,638.18		829,608.17
	−980,513.96		−190,624.17		−314,067.26		−650,279.63
	637,746.82		738,857.93		801,345.78		395,413.58
	405,187.45		506,298.56		159,053.42		102,754.12
	896,051.37		917,062.48		730,965.74		563,027.94
	−684,732.91		−795,843.12		−204,592.67		−351,498.67
	504,593.46		605,614.57		739,837.29		201,269.14
	196,470.23		217,580.34		813,794.86		763,140.89
+)	283,961.06	+)	394,172.07	+)	424,805.91	+)	859,637.03

(9)	786,901.42	(10)	308,578.94	(11)	409,689.15	(12)	675,809.31
	142,801.39		230,416.86		340,527.97		931,709.28
	−870,492.85		−182,045.94		−293,056.15		−760,381.74
	526,635.71		608,123.56		709,234.67		416,524.69
	−304,976.34		−837,031.29		−948,042.31		−203,865.23
	785,049.26		510,743.52		620,854.63		674,038.15
	573,621.89		902,379.45		103,481.56		462,519.78
	−403,482.35		−517,615.97		−628,726.18		−302,371.24
	985,360.12		681,572.64		792,683.75		874,250.91
+)	172,859.05	+)	292,603.78	+)	313,704.89	+)	961,748.04

分号 3-18
总号 106

加减练习题十八

班级＿＿＿＿＿
姓名＿＿＿＿＿
学号＿＿＿＿＿

(1)	514,802.36	(2)	847,205.69	(3)	958,306.71	(4)	169,407.82
	190,385.12		430,628.45		540,739.56		650,841.67
	−204,872.93		−507,215.36		−608,326.47		−709,437.58
	−479,415.68		−713,748.92		824,859.13		935,961.24
	327,692.45		651,935.78		−762,146.89		−873,257.91
	890,361.87		−230,694.21		340,715.32		−450,826.43
	−705,643.19		−108,976.43		−209,187.54		−301,298.65
	−512,957.04		845,381.07		−956,492.08		167,513.09
	975,820.36		318,250.69		429,360.71		531,470.82
+)	158,067.23	+)	482,091.56	+)	593,012.67	+)	614,023.78

(5)	625,903.47	(6)	602,812.37	(7)	493,701.25	(8)	271,508.93
	210,496.23		560,749.29		980,274.91		760,952.78
	−305,983.14		−425,078.37		−103,761.82		−801,548.69
	581,526.79		902,456.89		−368,394.57		−146,172.35
	−438,713.56		−261,064.53		216,581.34		984,368.12
	910,472.98		−840,976.85		−780,259.79		−560,937.54
	−806,754.21		−305,613.78		−604,532.98		−402,319.76
	−623,168.05		841,948.31		491,846.03		278,624.01
	186,930.47		924,815.97		864,710.25		642,580.93
+)	269,078.34	+)	535,906.12	+)	947,056.12	+)	725,034.89

(9)	736,104.58	(10)	934,829.42	(11)	514,802.36	(12)	382,609.14
	320,517.34		703,923.48		190,385.12		870,163.89
	−406,194.25		−670,851.31		−204,872.93		−902,659.71
	692,637.81		−536,089.48		−479,415.68		257,283.46
	−549,824.67		103,567.91		327,692.45		−195,479.23
	120,583.19		372,075.64		890,361.87		670,148.65
	−907,865.32		−950,187.96		−705,643.19		−503,421.87
	734,279.06		−406,724.89		−512,957.04		−389,735.02
	−297,140.58		951,951.42		975,820.36		753,690.14
+)	371,089.45	+)	535,906.12	+)	158,067.23	+)	836,045.91

加减练习题十九

	(1)	(2)	(3)	(4)
	180,635,246	290,746,357	310,857,468	420,968,579
	− 45,927,028	− 56,138,039	− 67,249,041	− 78,351,052
	338,061,564	449,072,675	551,083,786	662,094,897
	21,340,735	32,450,846	43,560,957	54,670,168
	−573,815,947	684,926,158	−795,137,269	816,248,371
	− 17,598,264	− 28,619,375	− 39,721,486	− 41,832,597
	469,160,739	−571,270,841	682,380,952	793,490,163
	50,826,021	60,937,032	70,148,043	80,259,054
	− 27,048,739	− 38,059,841	− 49,061,952	− 51,072,163
	+) 231,859,125	+) 342,961,236	+) 453,172,347	+) 564,283,458

	(5)	(6)	(7)	(8)
	530,179,681	640,281,792	750,392,813	860,413,924
	− 89,462,063	− 91,573,074	− 12,684,085	− 23,795,096
	−773,015,918	884,026,129	−995,037,231	116,048,342
	65,780,279	76,890,381	87,910,492	98,120,513
	927,359,482	−138,461,593	249,572,614	−351,683,725
	− 52,943,618	− 63,154,729	− 74,265,831	− 85,376,942
	814,510,274	925,620,385	136,730,496	247,840,517
	90,361,065	10,472,076	20,583,087	30,694,098
	− 62,083,274	− 73,094,385	− 84,015,496	− 95,026,517
	+) 675,394,569	+) 786,415,671	+) 897,526,782	+) 918,637,893

	(9)	(10)	(11)	(12)
	970,524,135	451,726,401	562,837,502	673,948,603
	− 34,816,017	−626,938,718	−737,149,819	−848,251,921
	227,059,453	35,406,975	46,507,186	57,608,297
	19,230,624	48,160,579	− 59,270,681	61,380,792
	−462,794,836	−897,548,023	918,659,034	−128,761,045
	− 96,487,153	− 73,025,146	− 84,036,257	− 95,047,368
	358,950,628	10,382,754	20,493,865	30,514,976
	40,715,019	767,125,692	878,236,713	989,347,824
	− 16,037,628	− 89,630,289	− 91,740,391	− 12,850,412
	+) 129,748,914	+) 958,132,403	+) 169,243,504	+) 271,354,605

加减练习题二十

(1)	2,387,402.58	(2)	3,498,503.69	(3)	4,519,604.71	(4)	5,621,705.82
	132,867.92		243,978.13		354,189.24		465,291.35
	−3,647,310.25		−4,758,420.36		−5,869,530.47		−6,971,640.58
	409,586.14		501,697.25		602,718.36		703,829.47
	− 983,260.23		− 194,370.34		− 215,480.45		− 326,590.56
	1,205,319.57		2,306,421.68		3,407,532.79		4,508,643.81
	698,504.75		719,605.86		821,706.97		932,807.18
	4,786,417.12		5,897,528.23		6,918,639.34		7,129,741.45
	− 518,609.74		− 629,701.85		− 731,802.96		− 842,903.17
+)	5,360,291.53	+)	6,470,312.64	+)	7,580,423.75	+)	8,690,534.84

(5)	6,732,806.93	(6)	7,843,907.14	(7)	8,954,108.25	(8)	9,165,209.36
	576,312.46		687,423.57		798,534.68		819,645.79
	7,182,750.69		8,293,860.71		9,314,970.82		1,425,180.93
	− 804,931.58		− 905,142.69		− 106,253.71		− 207,364.82
	437,610.67		548,720.78		659,830.89		761,940.91
	5,609,754.92		6,701,865.13		7,802,976.24		−8,903,187.35
	− 143,908.29		− 254,109.31		− 365,201.42		− 476,302.53
	8,231,852.56		9,342,963.67		1,453,174.78		2,564,285.89
	− 953,104.28		− 164,205.39		− 275,306.41		− 386,407.52
+)	9,710,645.97	+)	1,820,756.18	+)	2,930,867.29	+)	3,140,978.31

(9)	1,276,301.47	(10)	7,841,596.03	(11)	8,952,617.04	(12)	9,163,728.05
	921,756.81		9,593,621.32		−1,514,732.43		−2,625,843.54
	2,536,290.14		− 687,093.18		798,041.28		819,025.39
	− 308,475.93		− 724,908.13		835,109.24		− 946,201.35
	− 872,150.12		2,398,720.56		3,419,830.67		4,529,940.78
	9,104,298.46		160,584.79		270,695.81		380,716.92
	− 587,403.64		− 406,251.87		− 507,362.98		− 608,473.19
	3,675,396.91		1,914,589.35		2,125,691.46		3,236,712.57
	− 497,508.63		− 239,605.23		− 341,706.34		− 452,807.45
+)	4,250,189.42	+)	3,824,657.06	+)	4,935,768.07	+)	5,146,879.08

分号	3-21
总号	109

加减练习题二十一

序号	一	二	三	四	五	合计
1	604,359	705,461	806,572	907,683	1,108,794	
2	183,943	294,154	315,265	426,376	537,487	
3	−536,827	−647,938	−758,149	−869,251	−971,362	
4	218,052	329,063	431,074	542,085	653,096	
5	792,104	813,205	924,306	135,407	246,508	
6	614,726	725,837	836,948	947,159	158,261	
7	−421,985	−532,196	−643,217	−754,328	−865,439	
8	578,609	689,701	791,802	812,903	923,104	
9	310,578	420,689	530,791	640,812	750,923	
10	265,073	376,084	487,095	598,016	619,027	
11	−682,517	−793,628	−814,739	−925,841	−136,951	
12	940,378	150,489	260,591	370,612	480,723	
13	603,429	502,318	401,297	704,531	805,642	
14	849,638	738,527	627,416	951,749	162,851	
15	−712,346	−691,235	−589,124	−823,457	−934,568	
16	208,197	107,986	906,875	309,218	401,329	
合计						

分号	3-22
总号	110

加减练习题二十二

序号	一	二	三	四	五	合计
1	2,098.15	3,019.26	4,021.37	5,032.48	9,840.51	
2	6,485.98	7,596.19	8,617.21	9,728.32	8,263.97	
3	−1,823.73	−2,934.84	−3,145.95	−4,256.16	−4,806.73	
4	7,640.17	8,750.28	9,860.39	1,970.41	9,860.24	
5	3,576.09	4,687.01	5,798.02	6,819.03	1,079.86	
6	2,693.72	2,714.83	3,825.94	4,936.15	6,912.35	
7	−9,765.41	−1,876.52	−2,987.63	−3,198.74	−3,785.27	
8	1,342.05	2,453.06	3,564.07	4,675.08	5,028.13	
9	8,601.34	9,702.45	1,803.56	2,904.67	3,609.32	
10	7,210.38	8,320.49	9,430.51	1,540.62	8,397.46	
11	−2,471.62	−3,582.73	−4,593.84	−5,614.95	−4,514.92	
12	5,908.34	6,108.45	7,209.56	8,301.67	1,645.07	
13	6,897.01	3,091.86	2,089.75	1,078.64	9,067.53	
14	5,321.96	5,153.94	4,952.83	3,841.72	2,739.62	
15	−7,258.73	−4,789.13	−3,678.92	−2,567.81	−1,456.79	
16	3,182.05	8,057.64	7,046.53	6,035.42	5,024.31	
合计						

分号	3-23
总号	111

加减练习题二十三

班级＿＿＿＿
姓名＿＿＿＿
学号＿＿＿＿

序号	一	二	三	四	五	合　　计
1	3,107,548	4,208,659	5,309,761	6,401,872	7,502,983	
2	7,537,827	8,648,938	9,759,149	1,861,251	2,972,362	
3	−1,979,052	−2,181,063	−3,292,074	−4,313,085	−5,424,096	
4	2,596,318	3,617,429	4,728,531	5,839,642	6,941,753	
5	6,820,275	7,930,386	8,140,497	9,250,518	1,360,629	
6	4,032,683	5,043,794	6,054,815	7,065,926	8,076,137	
7	−8,140,125	−9,250,236	−1,360,347	−2,470,458	−3,580,569	
8	6,436,957	7,547,168	8,658,279	9,769,381	1,871,492	
9	5,906,432	6,107,543	7,208,654	8,309,765	9,401,876	
10	9,018,416	1,029,527	2,031,638	3,042,749	4,053,851	
11	−3,186,057	−4,297,068	−5,318,079	−6,429,081	−7,531,092	
12	4,398,615	6,419,726	6,521,837	7,632,948	8,743,159	
13	5,720,286	6,830,397	7,940,418	8,150,529	9,260,631	
14	3,862,304	4,973,405	5,184,506	6,295,607	8,076,137	
15	−5,210,418	−6,320,529	−7,430,631	−8,540,742	−9,650,853	
16	7,596,346	6,817,457	9,728,563	1,839,679	2,941,781	
合计						

分号	3-24
总号	112

加减练习题二十四

班级＿＿＿＿
姓名＿＿＿＿
学号＿＿＿＿

序号	一	二	三	四	五	合　　计
1	86,031.94	97,042.15	18,053.26	29,064.37	95,680.24	
2	31,834.73	42,945.84	53,156.95	64,267.16	83,984.68	
3	−65,350.17	−76,460.28	−87,570.39	−98,680.41	−36,018.12	
4	71,528.64	82,639.75	93,741.86	14,852.97	92,471.63	
5	24,707.31	35,808.42	46,909.53	57,101.64	68,303.97	
6	90,862.48	10,973.59	20,184.61	30,295.72	49,734.05	
7	−46,906.71	−57,107.82	−68,208.93	−79,309.14	−63,205.29	
8	29,825.13	31,936.24	42,147.35	53,258.46	86,174.57	
9	15,029.87	26,031.98	37,042.19	48,053.21	34,570.16	
10	50,649.62	60,751.73	70,862.84	80,973.95	72,592.01	
11	−86,420.13	−97,530.24	−18,640.35	−29,750.46	−86,079.24	
12	97,542.61	18,653.72	29,764.83	31,875.94	62,791.45	
13	13,707.24	24,808.53	35,909.64	46,101.57	79,303.86	
14	84,268.09	95,379.01	16,481.02	27,592.03	50,437.94	
15	−17,609.64	−28,701.75	−39,802.86	−41,903.97	−92,502.36	
16	31,528.92	42,639.13	35,471.24	64,852.35	57,471.68	
合计						

分号	3-25
总号	113

加减练习题二十五

序号	一	二	三	四	五	合 计
1	14,896,245	25,917,356	36,128,467	47,239,578	58,341,689	
2	21,758,068	32,869,079	43,971,081	54,182,092	65,293,013	
3	68,021,534	79,032,645	81,043,756	92,054,867	13,065,978	
4	−80,316,275	−90,427,386	−10,538,497	−20,649,518	−30,751,629	
5	71,298,034	82,319,045	93,421,056	14,532,067	25,643,078	
6	57,506,358	68,607,469	79,708,571	81,809,682	92,901,793	
7	16,270,473	27,380,584	38,490,695	49,510,716	51,620,827	
8	−60,957,152	−70,168,263	−80,279,374	−90,381,485	−10,492,596	
9	92,819,369	13,921,471	24,132,582	35,243,693	46,354,714	
10	39,024,743	41,035,854	52,046,965	63,057,176	74,068,287	
11	58,454,832	69,565,943	71,676,154	82,787,265	93,898,376	
12	−49,378,564	−57,489,675	−68,591,786	−79,612,897	−81,723,918	
13	34,089,217	54,092,318	56,012,439	76,023,541	87,034,652	
14	85,360,575	96,470,686	17,580,797	28,290,818	39,710,929	
15	37,407,261	48,508,372	59,609,483	61,701,594	72,802,615	
16	−25,175,906	−36,286,107	−74,397,208	−58,418,309	−69,529,401	
合计						

分号	3-26
总号	114

加减练习题二十六

序号	一	二	三	四	五	合 计
1	694,527.91	715,638.12	826,749.23	937,851.34	542,698.14	
2	763,140.24	874,250.35	985,360.46	196,470.57	860,857.21	
3	−240,761.89	−350,872.91	−460,983.12	−570,194.23	−435,120.86	
4	408,617.31	509,728.42	601,839.53	702,941.64	572,613.08	
5	367,540.89	478,650.91	589,760.12	691,870.23	430,892.17	
6	131,028.14	242,039.25	353,041.36	464,052.47	853,605.75	
7	−627,309.38	−738,401.49	−849,502.51	−951,603.62	−374,072.16	
8	204,136.17	305,247.28	406,358.39	507,469.41	251,759.06	
9	574,658.25	685,769.36	796,871.47	817,982.58	963,918.29	
10	850,793.98	960,814.19	170,925.21	280,136.32	347,420.93	
11	−149,194.87	−251,215.98	−362,326.19	−473,437.21	−238,454.85	
12	928,341.29	139,452.31	241,563.42	352,674.53	465,873.46	
13	172,980.34	320,781.96	210,679.85	190,658.74	980,457.63	
14	575,063.58	742,504.64	361,403.53	529,302.42	418,201.31	
15	−612,704.73	−203,061.59	−152,059.48	−941,048.37	−839,307.26	
16	609,571.52	149,647.05	398,536.04	287,425.03	716,314.02	
合计						

| 分号 3-27 |
| 总号 115 |

加减练习题二十七

序号	一	二	三	四	合计
1	690,512,847	710,623,958	820,734,169	930,845,271	
2	206,948,325	307,159,436	408,261,547	509,372,658	
3	−943,209,674	−154,301,785	−265,402,896	−376,503,917	
4	862,147,052	973,258,063	184,369,074	295,471,085	
5	308,362,137	409,473,248	501,584,359	602,695,461	
6	590,851,463	610,962,574	720,173,685	830,284,796	
7	−703,183,652	−804,294,763	−905,315,874	−106,426,985	
8	851,271,436	962,382,547	173,493,658	284,514,769	
9	169,057,918	271,068,129	382,079,231	493,081,342	
10	980,572,475	190,683,586	210,794,697	320,815,718	
11	−160,357,482	−270,468,593	−380,579,614	−490,681,725	
12	213,698,745	324,719,856	435,821,967	546,932,178	
合计					

| 分号 3-28 |
| 总号 116 |

加减练习题二十八

序号	一	二	三	四	合计
1	2,501,674.93	3,602,785.14	4,703,896.25	5,804,917.36	
2	7,025,948.71	8,036,159.82	9,047,261.93	1,058,372.14	
3	−5,987,052.36	−6,198,063.47	−7,219,074.58	−8,321,085.69	
4	4,276,920.17	5,387,130.28	6,498,240.39	7,519,350.41	
5	8,048,276.83	9,059,387.94	1,061,498.15	2,072,519.26	
6	1,504,169.28	2,605,271.39	3,706,382.41	4,807,493.52	
7	−3,086,482.17	−4,097,593.28	−5,018,614.39	−6,029,725.41	
8	4,167,369.82	5,278,471.93	6,389,582.14	7,491,693.25	
9	6,250,135.64	7,360,246.75	8,470,357.86	9,580,468.97	
10	5,401,379.31	6,502,481.42	7,603,592.53	8,704,613.64	
11	−6,208,139.47	−7,309,241.58	−8,401,352.69	−9,502,463.71	
12	7,682,543.91	8,793,654.12	9,814,765.23	1,925,876.34	
合计					

| 分号 3-29 |
| 总号 117 |

加减练习题二十九

班级＿＿＿＿
姓名＿＿＿＿
学号＿＿＿＿

序号	一	二	三	四	合计
1	5,704,397,682	6,805,418,793	7,906,529,814	8,107,631,925	
2	7,310,658,496	8,420,769,517	9,530,871,628	1,640,982,739	
3	－6,027,349,845	－7,038,451,956	－8,049,562,167	－9,051,673,278	
4	9,186,475,689	1,297,586,791	2,318,697,812	3,429,718,923	
5	4,708,612,536	5,809,723,647	6,901,834,758	7,102,945,869	
6	8,230,189,257	9,340,291,368	1,450,312,478	2,560,423,589	
7	－5,029,342,419	－6,031,453,521	－7,042,564,632	－8,053,675,743	
8	1,305,681,758	2,406,792,869	3,507,813,971	4,608,924,182	
9	7,920,365,124	8,130,476,235	9,240,587,346	1,350,698,457	
10	3,107,123,205	4,208,234,306	5,309,345,407	6,401,456,508	
11	－1,380,792,463	－2,490,813,574	－3,510,924,685	－4,620,135,796	
12	8,125,467,905	9,236,578,106	1,347,689,207	2,458,791,308	
合计					

| 分号 3-30 |
| 总号 118 |

加减练习题三十

班级＿＿＿＿
姓名＿＿＿＿
学号＿＿＿＿

序号	一	二	三	四	合计
1	13,098,532.47	24,019,643.58	35,021,754.69	46,032,865.71	
2	38,602,149.52	49,703,251.63	51,804,362.74	62,905,473.85	
3	20,738,954.91	30,849,165.12	40,951,276.23	50,162,387.34	
4	－56,429,312.45	－67,531,423.56	－78,642,534.67	－89,753,645.78	
5	93,042,671.82	14,053,782.93	25,064,893.14	36,075,914.25	
6	47,806,457.12	58,907,568.23	69,108,679.34	71,209,781.45	
7	10,758,979.65	20,869,181.76	30,971,292.87	40,182,313.98	
8	－68,012,463.14	－79,023,574.25	－81,034,685.36	－92,045,796.47	
9	35,708,216.79	46,809,327.81	57,901,438.92	68,102,549.13	
10	86,036,787.01	97,047,898.02	18,058,919.03	29,069,121.04	
11	68,403,579.28	79,504,681.39	81,605,792.41	92,706,813.52	
12	－46,719,234.01	－57,821,345.02	－68,932,456.03	－79,143,567.04	
合计					

分号	3-31
总号	119

加减测定题一

班级＿＿＿＿
姓名＿＿＿＿
学号＿＿＿＿

参考时间：10 分钟

```
（1）    62,438      （2）    6,214      （3）   42,195      （4）   98,547
       －79,451              9,089             30,995            ┌  6,198
         4,678                899             57,991          ─ │ 14,998
       － 5,412              3,192              6,998            │ 21,893
       ＋）20,844         ＋）1,994          ＋）5,091         ＋）└ 30,193


（5）  3,267.52      （6）    7,864      （7）   15,308      （8）   93,567
        622.44              1,294              7,498            ┌ 13,988
     －5,260.08              1,096             39,894          ─ │ 17,923
        457.23                391             48,993            │ 25,096
     ＋）3,542.86        ＋）1,497          ＋）5,892         ＋）└ 7,896


（9）   62,537      （10）   9,517      （11）  84,946      （12）  104,380
      －84,637              －2,197            － 3,196            －70,994
        5,786                  899            12,899            －10,982
      － 9,267                  392            30,896             86,994
        2,018              －1,889            － 4,789           －14,985
        5,249              －  394            － 1,059             61,998
      －11,438              －1,015            39,889            － 5,099
      － 8,753                2,894           －16,795           －14,089
       27,438                3,997            － 3,195           －32,992
      ＋）43,216         ＋）－ 593         ＋）89,900        ＋）－ 4,798
```

加减测定题二

参考时间：10分钟

(1)	73,811	(2)	3,789	(3)	33,859	(4)	73,664
	−89,434		898		1,997		− 5,889
	6,677		1,099		48,993		−27,990
	− 5,407		4,678		7,091		−22,983
+)	25,348	+)	2,995	+)	899	+)	−10,698

(5)	4,416.78	(6)	3,387	(7)	44,788	(8)	85,770
	−7,843.66		4,093		7,998		−24,899
	785.63		4,498		79,669		−34,793
	−3,348.70		10,919		38,899		−15,096
+)	54,388.66	+)	5,493	+)	5,899	+)	− 9,990

(9)	51,416	(10)	6,487	(11)	89,965	(12)	476,513
	7,488		5,671		12,819		− 7,649
	−64,877		− 1,299		47,898		−108,989
	− 9,786		− 493		−32,599		− 86,499
	4,378		− 1,997		−16,779		273,699
	2,455		− 1,015		− 3,299		−199,987
	−14,143		8,337		−53,990		− 49,867
	87,663		10,979		4,689		− 27,789
	−53,741		− 893		74,998		− 99,900
+)	52,113	+)	− 9,988	+)	1,990	+)	− 5,979

加减测定题三

| 分号 | 3-33 |
| 总号 | 121 |

班级＿＿＿＿
姓名＿＿＿＿
学号＿＿＿＿

甲题：　　　　　　　　　　　　　　　　　　　参考时间：每题5分，共10分钟

序号	一	二	三	四	五	合　计
1	22,784	218,674	34,852	4,285,637	529,147	
2	956,743	37,256	31,967	2,139,078	29,763	
3	3,075,864	49,318	42,583	380,509	36,892	
4	956,782	54,382	51,674	562,634	49,168	
5	357,146	69,138	69,185	643,986	－56,479	
6	632,451	77,287	79,491	785,138	63,715	
7	986,562	80,805	84,785	893,216	72,869	
8	728,624	96,372	98,634	910,754	－81,653	
9	64,415	51,379	35,457	38,475	93,764	
10	631,782	34,757	29,418	71,643	24,513	
合计						

乙题：

序号	一	二	三	四	五	合　计
1	63,726.49	8,931.47	35,634.39	42,145.98	7,185.84	
2	2,772.81	1,286.78	23,207.41	4,988.13	4,719.27	
3	5,156.57	－3,489.52	－56,487.76	－7,432.94	12,782.93	
4	4,384.21	－8,753.15	12,579.48	－8,616.15	4,256.84	
5	6,843.68	－9,389.12	－86,926.37	5,159.32	3,274.95	
6	5,484.17	1,579.94	48,756.74	－4,578.65	24,476.69	
7	7,764.32	－6,899.83	15,794.23	3,658.27	9,248.48	
8	1,623.45	3,485.87	－31,069.58	2,833.46	34,397.85	
9	3,472.64	－5,189.31	－8,753.15	8,479.29	90,037.76	
10	7,419.89	－4,735.52	－5,914.36	5,257.04	51,564.32	
合计						

完成题＿＿＿＿　　　　　　正确题＿＿＿＿

加减测定题四

参考时间：每题5分，共10分钟

甲题：

序号	一	二	三	四	五	合计
1	2,079,942	7,184,675	1,260,717	3,935,417	3,194,238	
2	6,197,518	−5,340,928	828,432	−5,137,836	4,387,652	
3	−1,926,134	−3,179,724	761,148	5,217,984	−6,174,825	
4	−7,894,316	9,675,943	12,713,825	1,238,395	−9,615,648	
5	6,540,917	2,142,839	9,125,784	−7,145,296	−1,483,791	
6	−8,680,439	−8,680,317	3,863,259	8,574,275	−4,505,294	
7	4,314,516	7,465,158	6,745,882	−1,718,271	1,859,269	
8	8,461,135	−4,238,198	1,697,695	−3,509,073	7,028,358	
9	905,072	−9,174,235	6,139,858	−408,692	−3,168,370	
10	4,214,987	8,362,794	82,571,309	5,121,996	2,329,765	
合计						

乙题：

序号	一	二	三	四	五	合计
1	5,935,321	3,759,465	4,013,531	5,571,592	2,519,876	
2	−8,197,564	2,214,942	−9,074,137	4,268,185	−6,024,048	
3	−7,578,527	5,708,694	6,618,249	2,951,927	9,753,218	
4	8,883,893	1,107,527	9,284,353	2,436,978	7,208,694	
5	4,593,786	−3,413,429	357,135	−6,186,243	7,928,065	
6	−1,913,859	−4,648,683	2,138,742	4,691,374	−9,701,093	
7	−3,194,398	−711,739	3,241,956	−9,140,486	5,903,257	
8	5,134,687	−8,570,518	−6,385,961	5,857,149	−6,281,465	
9	8,519,463	858,732	−5,490,628	2,179,685	−2,288,724	
10	799,195	5,850,739	7,611,674	5,354,792	3,612,435	
合计						

完成题_____   正确题_____

分号	4-1
总号	123

第 四 部 分

乘法练习题一

（一）要求区别下列各数的大小，以＞、＜表示之；（二）要求分别写出下列数字的位数：

(1) (7.21561　　　73.27)　　　　(1) 295　　　　　　(　　位)

(2) (7.935　　　　6,769)　　　　(2) 4.928　　　　　(　　位)

(3) (301.79　　　24.59)　　　　(3) 54.089　　　　 (　　位)

(4) (26,218　　　79.095)　　　　(4) 5.571936　　　(　　位)

(5) (65.387　　　8.0423)　　　　(5) 0.673043　　　(　　位)

(6) (823.036　　 803.94)　　　　(6) 3.9471058　　 (　　位)

(7) (69,041　　　69.045)　　　　(7) 0.035493　　　(　　位)

(8) (978.6　　　　9,637)　　　　(8) 0.0304087　　 (　　位)

(9) (6,219　　　 6,218.51)　　　(9) 0.00716742　　(　　位)

(10) (3380.5　　　3375.62)　　　 (10) 586,413.279　　(　　位)

(11) (91.78　　　　72.69)　　　　(11) 51.9522　　　　(　　位)

(12) (386.53　　　39.24)　　　　 (12) 45646.4　　　　(　　位)

(13) (5.468　　　　54.69)　　　　(13) 0.004817152　 (　　位)

(14) (3.276　　　　0.03894)　　　(14) 4.27328　　　　(　　位)

(15) (179.88　　　0.9937)　　　　(15) 0.6298　　　　 (　　位)

(16) (2.10943　　 2,175)　　　　 (16) 19,214.027　　 (　　位)

(17) (0.5984　　　0.5849)　　　　(17) 0.00325　　　　(　　位)

(18) (0.003172　　0.000386)　　　(18) 3,903.84　　　 (　　位)

(19) (0.147845　　1.47845)　　　 (19) 0.050602　　　 (　　位)

(20) (834.6677　　83.46677)　　　(20) 1.78925　　　　(　　位)

分号	4-2
总号	124

乘法练习题二

班级＿＿＿＿＿＿
姓名＿＿＿＿＿＿
学号＿＿＿＿＿＿

要求利用公式定位法($m+n, m+n-1$)，分别标出下列各乘积的位数：

甲题：

（1）$7,039 \times 16.03 = 11283517$

（2）$5,041 \times 19.06 = 9608146$

（3）$13,009 \times 7,039 = 91570351$

（4）$4,068 \times 2,075 = 8441100$

（5）$9,483 \times 2,714 = 25736862$

（6）$0.6604 \times 0.2928 = 19336512$

（7）$0.024 \times 0.04848 = 116352$

（8）$0.02265 \times 0.6462 = 1463643$

（9）$963.4 \times 0.1319 = 12707246$

（10）$0.0682 \times 0.002023 = 1379686$

（11）$0.918 \times 0.00785 = 72063$

（12）$0.8996 \times 0.00785 = 706186$

（13）$1,762 \times 0.1319 = 2324078$

（14）$9,034 \times 61.24 = 55324216$

（15）$5,714 \times 0.01645 = 939953$

（16）$3,258 \times 0.001875 = 610875$

（17）$1,265 \times 1,826 = 230989$

（18）$5,495 \times 6.793 = 37327535$

（19）$38,270 \times 2,079 = 7956333$

（20）$1,728 \times 2,395 = 413856$

（21）$1,301 \times 6,025 = 7838525$

（22）$7,243 \times 7,390 = 5352577$

（23）$8,742 \times 16,750 = 1464285$

（24）$8,709 \times 1,031 = 8978979$

（25）$4,928 \times 4,595 = 2264416$

乙题：

（1）$5,492 \times 1,847 = 10143724$

（2）$6.18 \times 0.075 = 4635$

（3）$0.0418 \times 0.000375 = 15675$

（4）$1,073 \times 759 = 814407$

（5）$16,000 \times 0.025 = 4$

（6）$7,930 \times 848 = 672464$

（7）$2,345 \times 624 = 146328$

（8）$10,375 \times 284 = 29465$

（9）$4,976 \times 0.0625 = 311$

（10）$58.97 \times 8,604 = 50737788$

（11）$63.89 \times 0.3758 = 24009862$

（12）$14,370 \times 6.284 = 9030108$

（13）$74,500 \times 10.04 = 74798$

（14）$954,368 \times 96 = 91619328$

（15）$83,072 \times 0.87 = 7227264$

（16）$3,069 \times 52.89 = 16231941$

（17）$12,350 \times 0.9764 = 1205854$

（18）$79,680 \times 0.1256 = 10007808$

（19）$29,280 \times 0.7534 = 22059552$

（20）$0.976 \times 0.0035 = 3416$

（21）$0.0124 \times 0.0075 = 93$

（22）$2,685 \times 0.00226 = 60681$

（23）$43.65 \times 6.48 = 282852$

（24）$0.164 \times 0.375 = 615$

（25）$29.85 \times 5,764 = 1720554$

分号	4-3
总号	125

乘法练习题三

班级＿＿＿＿
姓名＿＿＿＿
学号＿＿＿＿

甲题：

（1）183×2＝
（2）574×2＝
（3）219×2＝
（4）642×2＝
（5）857×2＝
（6）7,326×2＝
（7）4,651×2＝
（8）3,732×3＝
（9）8,543×3＝
（10）5,918×3＝
（11）2,895×3＝
（12）6,174×3＝
（13）9,286×3＝
（14）1,469×3＝
（15）25,794×4＝
（16）38,542×4＝
（17）73,836×4＝
（18）47,659×4＝
（19）89,375×4＝
（20）54,283×4＝
（21）96,468×4＝
（22）853,696×5＝
（23）745,983×5＝
（24）568,734×5＝
（25）642,178×5＝
（26）375,249×5＝
（27）913,876×5＝
（28）269,857×5＝

乙题：

（1）1,257,874×6＝
（2）3,546,912×6＝
（3）4,762,561×6＝
（4）9,853,274×6＝
（5）2,734,189×6＝
（6）5,678,532×6＝
（7）3,895,743×6＝
（8）8,439,657×7＝
（9）4,913,545×7＝
（10）6,374,956×7＝
（11）7,652,368×7＝
（12）2,398,524×7＝
（13）8,876,149×7＝
（14）5,064,375×7＝
（15）3,978,456×8＝
（16）2,387,637×8＝
（17）5,734,904×8＝
（18）2,253,765×8＝
（19）3,894,573×8＝
（20）4,375,139×8＝
（21）7,496,478×8＝
（22）9,734,233×9＝
（23）2,873,569×9＝
（24）6,425,387×9＝
（25）5,147,264×9＝
（26）1,762,635×9＝
（27）7,836,587×9＝
（28）8,935,276×9＝

合计＿＿＿＿＿　　　合计＿＿＿＿＿

总计＿＿＿＿＿

分号	4-4
总号	126

乘法练习题四

班级_____
姓名_____
学号_____

甲题：

（1）1,439,857×2＝
（2）3,154,674×2＝
（3）8,325,546×2＝
（4）2,963,185×2＝
（5）4,782,761×2＝
（6）9,577,432×2＝
（7）6,842,393×2＝
（8）5,419,048×3＝
（9）7,325,925×3＝
（10）2,576,134×3＝
（11）8,237,589×3＝
（12）3,853,257×3＝
（13）1,576,346×3＝
（14）6,412,574×3＝
（15）5,830,712×4＝
（16）7,385,198×4＝
（17）2,537,586×4＝
（18）9,742,675×4＝
（19）4,843,963×4＝
（20）2,756,149×4＝
（21）8,531,562×4＝
（22）3,814,524×5＝
（23）1,765,357×5＝
（24）2,467,836×5＝
（25）9,315,674×5＝
（26）5,879,468×5＝
（27）4,781,355×5＝
（28）6,174,596×5＝

乙题：

（1）2,890,674×6＝
（2）4,185,321×6＝
（3）9,416,135×6＝
（4）7,743,287×6＝
（5）3,064,596×6＝
（6）5,952,465×6＝
（7）8,631,053×6＝
（8）6,507,942×7＝
（9）8,269,345×7＝
（10）2,715,438×7＝
（11）1,687,679×7＝
（12）3,428,596×7＝
（13）9,259,389×7＝
（14）7,336,843×7＝
（15）8,219,435×8＝
（16）5,726,157×8＝
（17）4,852,918×8＝
（18）2,881,746×8＝
（19）3,283,574×8＝
（20）9,054,389×8＝
（21）7,326,632×8＝
（22）1,574,293×9＝
（23）8,635,468×9＝
（24）6,443,156×9＝
（25）5,219,384×9＝
（26）6,852,575×9＝
（27）2,766,642×9＝
（28）3,924,767×9＝

合计_____   合计_____

总计_____

分号	4-5
总号	127

乘法练习题五

班级＿＿＿＿＿＿
姓名＿＿＿＿＿＿
学号＿＿＿＿＿＿

（要求精确到 0.0001，以下四舍五入）

甲题：

（1）32.5784×0.08＝

（2）2.65319×0.4＝

（3）2,687,532×5＝

（4）523.819×0.07＝

（5）41.23298×0.6＝

（6）742.3192×0.005＝

（7）0.832654×0.04＝

（8）57.29817×8＝

（9）372.1087×0.5＝

（10）9.21365×9＝

（11）51.93264×0.06＝

（12）823.295×0.9＝

（13）7.31264×0.08＝

（14）31.20683×7＝

（15）5.267196×0.03＝

（16）0.832643×0.2＝

（17）7.20386×6＝

（18）895.2367×0.05＝

（19）0.812319×0.7＝

（20）11.23186×0.004＝

（21）395.2475×3＝

（22）0.832954×0.09＝

（23）12.46087×0.3＝

（24）7.318429×0.006＝

（25）963.2875×4＝

（26）57.2638×0.6＝

（27）0.083295×0.07＝

（28）43.26358×2＝

合计＿＿＿＿＿＿

乙题：

（1）8.31954×0.6＝

（2）423.219×8＝

（3）0.752936×0.09＝

（4）34.2109×0.5＝

（5）483.2675×0.004＝

（6）0.7587632×7＝

（7）36.89643×0.2＝

（8）129.8195×0.06＝

（9）95.7184×9＝

（10）123.2345×0.3＝

（11）67.83195×0.05＝

（12）41.31816×0.009＝

（13）2.10824×6＝

（14）0.573196×0.08＝

（15）74.2695×0.7＝

（16）3.14187×0.002＝

（17）67.8109×3＝

（18）5.74263×0.9＝

（19）26.8319×0.06＝

（20）4.50328×0.008＝

（21）38.2964×0.03＝

（22）0.319275×2＝

（23）845.2691×0.07＝

（24）6.931875×0.009＝

（25）26.3847×0.06＝

（26）0.328154×5＝

（27）778.3567×0.4＝

（28）12.72386×0.09＝

合计＿＿＿＿＿＿

总计＿＿＿＿＿＿

分号	4-6
总号	128

乘法练习题六

班级_____
姓名_____
学号_____

（要求精确到0.0001，以下四舍五入）

甲题：

(1) 23.657×0.087=
(2) 3.96485×0.08=
(3) 572.3659×0.9=
(4) 41.2597×95=
(5) 872.531×0.067=
(6) 2.671809×0.4=
(7) 0.432657×6.4=
(8) 78.2953×0.07=
(9) 0.523876×0.8=
(10) 843.2651×0.23=
(11) 395.207×45=
(12) 0.238765×0.06=
(13) 75.4183×0.8=
(14) 3.310875×0.32=
(15) 0.8257463×5.6=
(16) 42.31871×0.09=
(17) 631.2785×0.006=
(18) 4.72381×0.75=
(19) 23.7865×0.017=
(20) 0.265431×0.04=
(21) 75.2683×6.3=
(22) 2.41852×0.08=
(23) 432.8193×26=
(24) 51.72019×0.3=
(25) 8.761542×92=
(26) 45.21839×0.02=
(27) 132.81923×0.36=
(28) 5.718876×0.027=

乙题：

(1) 853.276×0.09=
(2) 0.23819×4.9=
(3) 57.2136×0.54=
(4) 2.19264×0.03=
(5) 5.17628×2.7=
(6) 852.319×0.062=
(7) 4.78192×0.07=
(8) 32.8195×2.4=
(9) 0.0630875×0.54=
(10) 9.87615×0.2=
(11) 47.1283×0.06=
(12) 941.2137×0.92=
(13) 0.805726×0.5=
(14) 26.763×0.74=
(15) 3.71128×0.08=
(16) 42.3275×0.87=
(17) 9.76152×4.6=
(18) 72.1984×0.05=
(19) 3.42057×9.1=
(20) 852.419×0.72=
(21) 267.158×0.6=
(22) 54.2984×0.75=
(23) 6.98157×0.29=
(24) 0.076428×0.4=
(25) 31.1098×0.035=
(26) 471.263×0.07=
(27) 5.74218×5.6=
(28) 26.8937×0.047=

合计_____　　　　　　合计_____

总计_____

分号	4-7
总号	129

乘法练习题七

甲题：

（1） 289×14＝
（2） 871×53＝
（3） 278×25＝
（4） 346×39＝
（5） 569×43＝
（6） 452×87＝
（7） 734×62＝
（8） 9,275×96＝
（9） 6,932×71＝
（10） 3,754×27＝
（11） 4,362×35＝
（12） 5,896×74＝
（13） 2,678×63＝
（14） 8,437×54＝
（15） 27,635×23＝
（16） 19,853×75＝
（17） 34,962×83＝
（18） 87,526×42＝
（19） 56,748×67＝
（20） 42,379×59＝
（21） 65,484×34＝
（22） 324,876×68＝
（23） 536,742×47＝
（24） 642,357×37＝
（25） 753,264×76＝
（26） 285,935×24＝
（27） 832,569×52＝
（28） 498,683×92＝

乙题：

（1） 357×17＝
（2） 686×26＝
（3） 573×32＝
（4） 492×46＝
（5） 765×56＝
（6） 248×64＝
（7） 834×72＝
（8） 7,298×86＝
（9） 4,375×94＝
（10） 2,534×21＝
（11） 5,783×58＝
（12） 6,852×84＝
（13） 3,646×57＝
（14） 8,963×93＝
（15） 56,894×36＝
（16） 38,752×78＝
（17） 67,345×89＝
（18） 43,586×48＝
（19） 75,637×65＝
（20） 84,273×73＝
（21） 92,468×82＝
（22） 375,245×27＝
（23） 486,376×69＝
（24） 653,627×85＝
（25） 864,538×38＝
（26） 592,493×79＝
（27） 748,859×97＝
（28） 237,464×49＝

合计_____   合计_____

总计_____

乘法练习题八

甲题：

(1) 2,845×46＝
(2) 3,716×53＝
(3) 5,329×78＝
(4) 6,432×67＝
(5) 8,134×26＝
(6) 7,258×39＝
(7) 5,892×43＝
(8) 1,926×87＝
(9) 5,434×62＝
(10) 3,859×54＝
(11) 6,724×38＝
(12) 2,065×29＝
(13) 4,718×84＝
(14) 6,237×57＝
(15) 3,409×92＝
(16) 8,231×42＝
(17) 5,768×28＝
(18) 3,652×45＝
(19) 1,743×67＝
(20) 5,834×87＝
(21) 2,478×95＝
(22) 6,237×53＝
(23) 7,694×48＝
(24) 3,586×27＝
(25) 6,874×32＝
(26) 8,537×64＝
(27) 5,079×46＝
(28) 4,758×33＝

合计＿＿＿＿＿

乙题：

(1) 8,954×23＝
(2) 6,732×57＝
(3) 5,129×35＝
(4) 6,784×69＝
(5) 3,326×96＝
(6) 4,831×28＝
(7) 5,074×34＝
(8) 6,387×59＝
(9) 2,638×48＝
(10) 3,759×28＝
(11) 4,108×34＝
(12) 2,764×65＝
(13) 5,382×78＝
(14) 3,417×21＝
(15) 3,834×97＝
(16) 6,532×84＝
(17) 7,654×38＝
(18) 2,962×96＝
(19) 3,185×86＝
(20) 8,239×27＝
(21) 6,523×48＝
(22) 3,215×74＝
(23) 5,408×65＝
(24) 4,825×38＝
(25) 2,796×84＝
(26) 3,654×58＝
(27) 5,928×37＝
(28) 6,839×68＝

合计＿＿＿＿＿

总计＿＿＿＿＿

分号	4-9
总号	131

乘法练习题九

（要求精确到 0.0001，以下四舍五入）

甲题：

(1) 875.32×4.8=

(2) 0.4833×0.57=

(3) 26.54×0.036=

(4) 0.2476×98=

(5) 32.57×0.53=

(6) 9.807×0.29=

(7) 38.64×3.2=

(8) 8.457×0.86=

(9) 0.2953×3.8=

(10) 4.098×0.054=

(11) 85.24×2.6=

(12) 0.9437×0.73=

(13) 478.29×4.9=

(14) 6.235×0.038=

(15) 0.5396×65=

(16) 82.65×2.3=

(17) 1.0982×0.55=

(18) 43.87×0.043=

(19) 9.283×8.5=

(20) 0.3259×0.18=

(21) 5.314×0.093=

(22) 25.09×74=

(23) 0.6152×0.56=

(24) 78.26×8.3=

(25) 5.743×0.027=

(26) 0.9083×0.68=

(27) 82.54×9.4=

(28) 0.02483×0.39=

合计_____

乙题：

(1) 0.3254×0.83=

(2) 27.59×6.8=

(3) 5.2041×95=

(4) 64.752×0.016=

(5) 0.4619×5.2=

(6) 7.258×0.34=

(7) 0.9264×0.097=

(8) 32.85×69=

(9) 5.207×0.87=

(10) 83.15×0.041=

(11) 0.9423×5.9=

(12) 6.726×0.92=

(13) 53.24×0.028=

(14) 0.4752×3.7=

(15) 82.53×91=

(16) 3.462×0.57=

(17) 0.71082×24=

(18) 5.239×0.67=

(19) 34.26×0.035=

(20) 9.375×0.54=

(21) 0.5183×0.017=

(22) 26.37×96=

(23) 4.718×0.082=

(24) 0.9642×0.75=

(25) 32.57×8.6=

(26) 9.568×0.34=

(27) 10.087×0.68=

(28) 3.8195×9.2=

合计_____

总计_____

乘法练习题十

（要求精确到 0.0001，以下四舍五入）

甲题：

(1) $725.94 \times 0.87 =$

(2) $3.264 \times 0.034 =$

(3) $6,832 \times 64 =$

(4) $57.89 \times 3.2 =$

(5) $0.5243 \times 0.85 =$

(6) $4.2695 \times 46 =$

(7) $87.263 \times 0.54 =$

(8) $0.3729 \times 8.6 =$

(9) $2.5317 \times 0.027 =$

(10) $72.39 \times 47 =$

(11) $64.23 \times 0.63 =$

(12) $2.9814 \times 2.9 =$

(13) $5.472 \times 0.045 =$

(14) $72.09 \times 0.19 =$

(15) $0.8325 \times 4.4 =$

(16) $31.206 \times 57 =$

(17) $5.317 \times 0.089 =$

(18) $65.26 \times 0.96 =$

(19) $2.3087 \times 36 =$

(20) $78.26 \times 0.48 =$

(21) $0.8312 \times 0.76 =$

(22) $92.87 \times 3.8 =$

(23) $4.0382 \times 64 =$

(24) $56.29 \times 98 =$

(25) $0.31225 \times 5.8 =$

(26) $67.54 \times 0.49 =$

(27) $3.826 \times 57 =$

(28) $0.08342 \times 0.35 =$

合计_____

乙题：

(1) $34.56 \times 0.036 =$

(2) $4.8302 \times 65 =$

(3) $45.83 \times 0.57 =$

(4) $6.3187 \times 2.6 =$

(5) $57.83 \times 0.48 =$

(6) $9.657 \times 94 =$

(7) $25.83 \times 0.58 =$

(8) $33.267 \times 5.7 =$

(9) $6.832 \times 96 =$

(10) $0.4831 \times 0.24 =$

(11) $70.826 \times 43 =$

(12) $2.1078 \times 3.5 =$

(13) $567.26 \times 0.87 =$

(14) $8.957 \times 0.063 =$

(15) $48.35 \times 9.6 =$

(16) $0.3018 \times 0.59 =$

(17) $27.815 \times 7.8 =$

(18) $3.2167 \times 0.026 =$

(19) $58.42 \times 49 =$

(20) $6.2108 \times 0.54 =$

(21) $66.07 \times 3.2 =$

(22) $853.94 \times 0.27 =$

(23) $94.29 \times 8.5 =$

(24) $102.34 \times 0.57 =$

(25) $4.831 \times 0.076 =$

(26) $0.3295 \times 4.8 =$

(27) $87.54 \times 6.9 =$

(28) $543.26 \times 0.45 =$

合计_____

总计_____

| 分号 | 4-11 |
| 总号 | 133 |

乘法练习题十一

班级＿＿＿＿
姓名＿＿＿＿
学号＿＿＿＿

甲题：

（1） 2,678×35＝
（2） 369×854＝
（3） 85,764×93＝
（4） 1,357×478＝
（5） 945×714＝
（6） 57×163＝
（7） 7,453×69＝
（8） 654×388＝
（9） 29,345×76＝
（10） 3,143×287＝
（11） 5,364×59＝
（12） 947×278＝
（13） 4,659×197＝
（14） 83,257×39＝
（15） 298×575＝
（16） 6,875×78＝
（17） 31,254×235＝
（18） 9,418×65＝
（19） 895×789＝
（20） 2,597×316＝
（21） 5,438×843＝
（22） 4,953×92＝
（23） 784×293＝
（24） 67×2,576＝
（25） 8,529×387＝
（26） 458×218＝
（27） 31,254×85＝
（28） 1,597×957＝

合计＿＿＿＿

乙题：

（1） 8,824×762＝
（2） 19,738×205＝
（3） 2,567×78＝
（4） 697×935＝
（5） 3,679×696＝
（6） 5,432×109＝
（7） 897×534＝
（8） 9,785×758＝
（9） 24,076×259＝
（10） 737×986＝
（11） 58,214×87＝
（12） 1,978×45＝
（13） 6,739×524＝
（14） 374×856＝
（15） 75,386×135＝
（16） 4,517×343＝
（17） 9,854×139＝
（18） 98×3,957＝
（19） 26,513×74＝
（20） 3,852×879＝
（21） 593×628＝
（22） 3,578×549＝
（23） 6,852×395＝
（24） 496×835＝
（25） 7,539×89＝
（26） 8,764×48＝
（27） 95,781×214＝
（28） 2,675×368＝

合计＿＿＿＿

总计＿＿＿＿

分号	4-12
总号	134

乘法练习题十二

班级＿＿＿＿＿
姓名＿＿＿＿＿
学号＿＿＿＿＿

（要求精确到0.0001，以下四舍五入）

甲题：

（1）5,832×0.87＝
（2）3.574×2.65＝
（3）47.83×48＝
（4）36,254×0.57＝
（5）4,123×8.74＝
（6）32.59×0.063＝
（7）2.578×3.45＝
（8）67.83×0.029＝
（9）0.6833×2.97＝
（10）8.309×0.57＝
（11）64.35×5.98＝
（12）3.58×6,452＝
（13）0.875×0.309＝
（14）26.73×8.45＝
（15）6,759×98＝
（16）57.28×0.319＝
（17）74.35×0.87＝
（18）3.607×5.08＝
（19）48.66×36＝
（20）5,328×645＝
（21）26.39×0.84＝
（22）3,452×5.34＝
（23）96.31×0.089＝
（24）2,457×0.318＝
（25）56.34×2.78＝
（26）0.6732×87＝
（27）47.58×0.328＝
（28）0.9356×8.63＝

合计＿＿＿＿＿

乙题：

（1）35.73×0.0364＝
（2）26,318×45＝
（3）5.264×5.73＝
（4）64.87×3.86＝
（5）0.6732×0.69＝
（6）875.24×1.08＝
（7）3.28×0.5684＝
（8）47.36×8.76＝
（9）6,508×0.316＝
（10）5.239×83＝
（11）26.84×0.845＝
（12）0.9563×6.48＝
（13）37.36×0.83＝
（14）6.405×0.095＝
（15）0.3843×6.09＝
（16）5.7632×0.86＝
（17）2,465×3.78＝
（18）84.26×0.517＝
（19）6.453×1.07＝
（20）24.39×0.056＝
（21）4,783×2.63＝
（22）0.5328×0.624＝
（23）83.29×65＝
（24）3.398×0.478＝
（25）0.519×8.329＝
（26）64.64×0.871＝
（27）3.758×69＝
（28）435×0.7458＝

合计＿＿＿＿＿

总计＿＿＿＿＿

乘法练习题十三

甲题：

(1) 378×132=
(2) 854×274=
(3) 763×526=
(4) 485×365=
(5) 296×437=
(6) 649×759=
(7) 537×698=
(8) 2,453×796=
(9) 6,874×534=
(10) 4,965×275=
(11) 8,236×347=
(12) 3,749×623=
(13) 5,698×482=
(14) 7,553×819=
(15) 34,852×257=
(16) 65,345×316=
(17) 84,197×823=
(18) 43,936×475=
(19) 56,283×638=
(20) 29,474×594=
(21) 78,568×487=
(22) 642,586×185=
(23) 536,735×914=
(24) 240,387×479=
(25) 397,418×657=
(26) 918,624×363=
(27) 753,263×548=
(28) 439,852×734=

合计_____

乙题：

(1) 734×357=
(2) 125×276=
(3) 849×563=
(4) 953×844=
(5) 669×438=
(6) 257×724=
(7) 382×643=
(8) 4,275×285=
(9) 6,537×834=
(10) 7,126×643=
(11) 5,658×429=
(12) 3,942×518=
(13) 2,784×952=
(14) 8,393×376=
(15) 45,762×526=
(16) 83,275×246=
(17) 74,634×369=
(18) 28,357×435=
(19) 57,496×674=
(20) 96,148×153=
(21) 18,583×915=
(22) 267,894×853=
(23) 536,137×236=
(24) 713,845×376=
(25) 375,763×495=
(26) 454,289×587=
(27) 682,956×928=
(28) 921,372×642=

合计_____

总计_____

乘法练习题十四

甲题：

(1) 3,824×576=
(2) 2,638×895=
(3) 4,149×263=
(4) 5,326×754=
(5) 8,632×589=
(6) 6,026×319=
(7) 4,829×578=
(8) 2,645×395=
(9) 9,736×815=
(10) 4,829×643=
(11) 6,518×467=
(12) 2,637×358=
(13) 5,258×239=
(14) 4,783×198=
(15) 6,532×417=
(16) 3,854×283=
(17) 9,836×795=
(18) 6,429×528=
(19) 3,754×697=
(20) 2,638×465=
(21) 5,317×673=
(22) 8,594×238=
(23) 4,687×387=
(24) 2,432×672=
(25) 5,839×498=
(26) 3,974×936=
(27) 6,218×574=
(28) 8,765×646=

合计_____

乙题：

(1) 8,375×296=
(2) 3,564×585=
(3) 4,837×498=
(4) 6,845×278=
(5) 6,718×369=
(6) 4,832×578=
(7) 2,987×439=
(8) 5,839×618=
(9) 3,704×583=
(10) 2,839×967=
(11) 5,764×831=
(12) 6,047×759=
(13) 8,128×365=
(14) 4,673×286=
(15) 3,765×487=
(16) 5,696×243=
(17) 9,287×582=
(18) 6,819×367=
(19) 4,726×817=
(20) 3,745×698=
(21) 5,236×483=
(22) 2,439×754=
(23) 6,945×396=
(24) 6,639×538=
(25) 4,815×251=
(26) 3,764×832=
(27) 9,835×948=
(28) 6,163×576=

合计_____

总计_____

乘法练习题十五

（要求精确到 0.0001，以下四舍五入）

甲题：

(1) 2.852×0.573＝
(2) 0.984×4.23＝
(3) 59.83×0.108＝
(4) 3.251×0.0948＝
(5) 98.52×219＝
(6) 0.2387×0.438＝
(7) 7.819×0.0384＝
(8) 52.23×7.18＝
(9) 0.154×9.37＝
(10) 29.35×0.526＝
(11) 8.96×0.0452＝
(12) 0.2983×9.98＝
(13) 31.54×0.869＝
(14) 8.235×4.32＝
(15) 72.57×0.0359＝
(16) 0.4754×1.68＝
(17) 42.39×0.495＝
(18) 9.208×1.07＝
(19) 342.5×5.98＝
(20) 2.953×0.0345＝
(21) 42.24×0.873＝
(22) 0.2154×6.75＝
(23) 34.19×0.518＝
(24) 5.246×9.89＝
(25) 0.3087×0.309＝
(26) 24.81×4.25＝
(27) 9.832×0.0106＝
(28) 0.5418×99.5＝

乙题：

(1) 0.8439×9.82＝
(2) 3.75×48.29＝
(3) 26.35×0.457＝
(4) 5.098×3.25＝
(5) 0.714×0.0857＝
(6) 92.94×6.67＝
(7) 54.28×46.5＝
(8) 0.3185×2.96＝
(9) 8.467×0.0596＝
(10) 27.53×0.842＝
(11) 9.982×5.64＝
(12) 36.29×0.476＝
(13) 0.0983×0.542＝
(14) 26.57×8.73＝
(15) 7.694×2.59＝
(16) 58.29×0.264＝
(17) 3.476×0.548＝
(18) 92.96×39.5＝
(19) 2.654×0.0819＝
(20) 46.32×9.93＝
(21) 0.892×0.104＝
(22) 3.675×4.87＝
(23) 52.48×309＝
(24) 2.759×4.82＝
(25) 9.064×0.815＝
(26) 32.18×0.0235＝
(27) 4.708×5.96＝
(28) 0.8319×0.954＝

合计_____ 合计_____

总计_____

分号 4-16
总号 138

乘法练习题十六

班级＿＿＿＿
姓名＿＿＿＿
学号＿＿＿＿

（要求精确到 0.0001，以下四舍五入）

甲题：

（1）0.873×2.54＝
（2）3.457×0.819＝
（3）3.264×7.28＝
（4）9.87×0.234＝
（5）82.54×4.83＝
（6）2.341×9.89＝
（7）0.324×54.3＝
（8）24.56×0.0375＝
（9）536×824＝
（10）3.82×0.645＝
（11）26.18×5.67＝
（12）7.462×0.0418＝
（13）58.41×3.26＝
（14）0.239×48.2＝
（15）8.326×0.265＝
（16）0.532×0.0847＝
（17）32.87×5.29＝
（18）5.786×32.5＝
（19）0.278×4.83＝
（20）26.54×0.832＝
（21）4.593×9.94＝
（22）53.26×0.765＝
（23）0.8429×2.76＝
（24）34.17×52.3＝
（25）6.324×8.29＝
（26）44.26×0.708＝
（27）9.405×0.196＝
（28）63.27×89.2＝

合计＿＿＿＿

乙题：

（1）75.42×0.735＝
（2）2.638×5.32＝
（3）0.439×0.798＝
（4）84.13×0.0298＝
（5）3.65×0.828＝
（6）57.26×35.4＝
（7）2.945×4.87＝
（8）64.29×0.936＝
（9）2.382×6.54＝
（10）0.8375×47.8＝
（11）36.54×0.0319＝
（12）2.647×9.97＝
（13）36.64×3.08＝
（14）0.2983×0.824＝
（15）5.267×43.5＝
（16）12.56×0.768＝
（17）9.207×1.07＝
（18）20.83×0.0872＝
（19）0.4109×6.58＝
（20）26.27×0.987＝
（21）5.46×0.0453＝
（22）0.782×6.48＝
（23）62.61×0.395＝
（24）9.165×45.8＝
（25）0.8614×0.483＝
（26）29.25×3.75＝
（27）10.08×0.578＝
（28）4.783×97.5＝

合计＿＿＿＿

总计＿＿＿＿

珠算习题集

分号	4-17
总号	139

乘法练习题十七

甲题：

（1）37,854×218＝
（2）65,312×357＝
（3）21,439×846＝
（4）74,298×725＝
（5）82,567×434＝
（6）16,945×689＝
（7）93,783×563＝
（8）58,176×972＝
（9）34,852×314＝
（10）73,748×532＝
（11）45,931×623＝
（12）89,324×914＝
（13）35,853×287＝
（14）53,076×429＝
（15）64,784×538＝
（16）25,398×147＝
（17）71,236×854＝
（18）36,989×223＝
（19）44,276×756＝
（20）83,512×579＝
（21）62,347×295＝
（22）18,428×382＝
（23）59,835×438＝
（24）73,659×631＝
（25）92,604×873＝
（26）41,236×305＝
（27）67,368×259＝
（28）84,495×794＝

合计_____

乙题：

（1）2,784×3,657＝
（2）4,468×9,851＝
（3）8,626×7,602＝
（4）6,535×2,749＝
（5）7,419×1,024＝
（6）8,148×4,505＝
（7）5,873×5,438＝
（8）9,492×8,976＝
（9）3,587×6,783＝
（10）4,759×2,068＝
（11）7,536×8,742＝
（12）6,325×7,534＝
（13）2,483×6,376＝
（14）4,837×2,957＝
（15）1,548×3,895＝
（16）7,359×4,509＝
（17）3,965×8,764＝
（18）2,703×5,638＝
（19）9,542×6,317＝
（20）8,628×9,293＝
（21）5,137×2,548＝
（22）7,424×8,756＝
（23）2,097×3,859＝
（24）9,538×2,403＝
（25）8,754×5,641＝
（26）3,809×8,833＝
（27）1,675×8,596＝
（28）5,746×2,825＝

合计_____

总计_____

乘法练习题十八

（要求精确到 0.0001，以下四舍五入）

甲题：

(1) 39.85×0.876=
(2) 0.345×7.295=
(3) 4.832×0.8459=
(4) 0.876×0.545=
(5) 37.29×0.5198=
(6) 425×4.789=
(7) 26.26×0.5967=
(8) 3.819×95.84=
(9) 9.805×0.476=
(10) 0.3284×5.59=
(11) 62.54×0.835=
(12) 92.37×0.5764=
(13) 2.608×3.29=
(14) 47.29×0.369=
(15) 0.8759×6.235=
(16) 42.39×0.8761=
(17) 0.918×0.0295=
(18) 84.32×0.576=
(19) 3.461×72.36=
(20) 54.26×0.8103=
(21) 9.578×96.96=
(22) 34.68×0.107=
(23) 8.195×4.283=
(24) 0.6754×26.54=
(25) 39.57×0.983=
(26) 249.5×0.1006=
(27) 0.387×0.0754=
(28) 6.768×32.51=

乙题：

(1) 0.3198×5.795=
(2) 46.87×0.694=
(3) 2.539×96.83=
(4) 6.257×0.0398=
(5) 96.29×6.07=
(6) 1.008×98.9=
(7) 57.2×0.8425=
(8) 0.9875×0.326=
(9) 45.26×3.297=
(10) 5.298×0.954=
(11) 86.86×9.574=
(12) 0.8195×0.0765=
(13) 26.54×0.954=
(14) 3.495×5.76=
(15) 0.7089×1.087=
(16) 26.35×9.98=
(17) 0.3681×2.265=
(18) 45.29×84.29=
(19) 641.5×3.84=
(20) 9.207×57.83=
(21) 67.58×4.57=
(22) 0.8326×9.85=
(23) 48.29×0.8754=
(24) 329×9.567=
(25) 29.98×0.985=
(26) 3.207×52.78=
(27) 0.6729×0.8354=
(28) 2.657×0.0456=

合计_____   合计_____

总计_____

乘法练习题十九

分号 4-19
总号 141

班级＿＿＿＿
姓名＿＿＿＿
学号＿＿＿＿

（要求精确到 0.0001，以下四舍五入）

甲题：

(1) 45.326×0.854＝
(2) 69.65×3.905＝
(3) 2.6384×9.57＝
(4) 0.8467×26.53＝
(5) 342.98×0.0108＝
(6) 6.508×42.39＝
(7) 752.65×8.98＝
(8) 0.0932×245.41＝
(9) 51.52×0.8409＝
(10) 9.0842×57.4＝
(11) 14.38×9.478＝
(12) 0.4326×0.0709＝
(13) 358.23×6.53＝
(14) 83.07×5.423＝
(15) 764.19×0.998＝
(16) 2.854×58.36＝
(17) 0.3749×6.325＝
(18) 625.21×8.68＝
(19) 42.86×5.319＝
(20) 8.3429×0.495＝
(21) 0.7853×64.57＝
(22) 93.26×1.003＝
(23) 4.2953×0.764＝
(24) 54.89×99.89＝
(25) 3.8057×6.25＝
(26) 29.86×0.4708＝
(27) 0.64957×0.874＝
(28) 18.764×2.95＝

乙题：

(1) 8.632×58.46＝
(2) 0.95023×8.19＝
(3) 47.35×0.5628＝
(4) 295.23×0.782＝
(5) 3.264×25.39＝
(6) 0.7852×6.208＝
(7) 12.963×8.056＝
(8) 263.19×0.0318＝
(9) 8.986×99.96＝
(10) 52.67×2.607＝
(11) 6.4325×0.876＝
(12) 82.38×12.85＝
(13) 0.4872×957＝
(14) 7.536×8.463＝
(15) 19.345×9.26＝
(16) 812.11×0.138＝
(17) 41.26×7.298＝
(18) 9.67×0.32085＝
(19) 317.12×0.0832＝
(20) 8.195×9.506＝
(21) 74.25×9.969＝
(22) 426.17×0.285＝
(23) 6.479×87.53＝
(24) 25.37×0.5426＝
(25) 942.32×7.35＝
(26) 10.85×5.726＝
(27) 0.8329×6.532＝
(28) 260.38×0.459＝

合计＿＿＿＿＿＿＿　　　　　　　合计＿＿＿＿＿＿＿

总计＿＿＿＿＿＿＿

乘法练习题二十

分号 4-20
总号 142

班级＿＿＿＿
姓名＿＿＿＿
学号＿＿＿＿

甲题：

（1）3,754×8,763＝
（2）4,563×6,521＝
（3）7,625×2,384＝
（4）5,346×4,632＝
（5）6,282×5,245＝
（6）2,198×3,476＝
（7）8,479×1,957＝
（8）3,125×8,576＝
（9）6,413×2,694＝
（10）5,294×3,852＝
（11）7,651×1,359＝
（12）2,968×3,417＝
（13）8,079×4,576＝
（14）1,438×3,807＝
（15）5,714×2,932＝
（16）7,632×1,054＝
（17）8,157×5,253＝
（18）2,919×3,468＝
（19）5,728×4,917＝
（20）8,236×2,539＝
（21）9,067×1,295＝
（22）6,879×5,464＝
（23）1,203×7,329＝
（24）3,865×6,438＝
（25）4,796×3,647＝
（26）9,258×3,665＝
（27）4,137×8,576＝
（28）5,234×1,805＝

合计＿＿＿＿＿

乙题：

（1）8,963×6,637＝
（2）2,574×3,256＝
（3）3,815×5,348＝
（4）5,172×7,855＝
（5）6,739×2,495＝
（6）7,378×1,275＝
（7）8,403×2,057＝
（8）1,962×5,489＝
（9）3,784×6,976＝
（10）1,919×9,897＝
（11）4,653×2,305＝
（12）8,725×3,492＝
（13）2,547×2,105＝
（14）9,736×8,254＝
（15）1,625×2,154＝
（16）7,059×5,396＝
（17）4,234×6,573＝
（18）8,394×7,635＝
（19）6,465×9,696＝
（20）3,987×4,757＝
（21）9,568×2,038＝
（22）4,876×5,909＝
（23）3,597×9,989＝
（24）8,439×7,563＝
（25）5,912×3,654＝
（26）6,781×8,395＝
（27）2,105×1,376＝
（28）3,596×6,105＝

合计＿＿＿＿＿

总计＿＿＿＿＿

珠算习题集

乘法练习题二十一

甲题：

(1) 6,324×8,437＝
(2) 5,023×6,954＝
(3) 1,876×2,635＝
(4) 7,631×4,829＝
(5) 5,436×7,483＝
(6) 6,542×2,988＝
(7) 9,308×5,764＝
(8) 2,938×6,415＝
(9) 7,183×2,627＝
(10) 5,419×9,873＝
(11) 4,825×5,349＝
(12) 3,257×6,874＝
(13) 5,429×8,963＝
(14) 9,637×2,508＝
(15) 3,785×4,075＝
(16) 6,074×6,983＝
(17) 4,832×5,794＝
(18) 2,754×9,639＝
(19) 4,342×8,786＝
(20) 2,594×1,032＝
(21) 6,873×2,954＝
(22) 5,563×6,839＝
(23) 7,895×7,839＝
(24) 6,754×2,983＝
(25) 1,835×8,429＝
(26) 2,673×5,832＝
(27) 5,719×6,084＝
(28) 6,826×5,432＝

合计_____

乙题：

(1) 3,478×6,234＝
(2) 5,963×2,836＝
(3) 6,319×7,528＝
(4) 7,462×4,759＝
(5) 3,275×8,362＝
(6) 6,734×6,087＝
(7) 5,809×3,684＝
(8) 2,034×1,804＝
(9) 3,567×6,728＝
(10) 5,436×7,809＝
(11) 8,527×4,326＝
(12) 7,438×6,129＝
(13) 3,842×6,987＝
(14) 2,931×8,543＝
(15) 6,742×8,319＝
(16) 5,429×6,038＝
(17) 4,117×9,786＝
(18) 9,547×9,987＝
(19) 3,645×7,832＝
(20) 6,705×8,469＝
(21) 7,426×3,547＝
(22) 8,432×5,318＝
(23) 4,629×4,723＝
(24) 6,758×6,954＝
(25) 3,674×8,409＝
(26) 2,965×1,008＝
(27) 3,218×2,467＝
(28) 5,783×5,729＝

合计_____

总计_____

乘法练习题二十二

分号 4-22
总号 144

班级_____
姓名_____
学号_____

甲题：

(1) 4,736×1,034=
(2) 2,653×3,948=
(3) 9,574×8,429=
(4) 8,237×1,008=
(5) 5,368×9,993=
(6) 3,829×4,567=
(7) 6,905×1,012=
(8) 9,898×9,990=
(9) 2,653×3,574=
(10) 5,814×1,003=
(11) 8,435×9,980=
(12) 1,672×8,355=
(13) 4,795×1,203=
(14) 5,879×3,935=
(15) 1,022×4,509=
(16) 9,978×9,998=
(17) 3,862×1,002=
(18) 3,928×4,545=
(19) 8,504×9,028=
(20) 5,149×1,098=
(21) 2,834×9,956=
(22) 9,494×9,988=
(23) 4,753×2,574=
(24) 3,123×1,007=
(25) 5,674×8,573=
(26) 4,035×5,807=
(27) 2,954×3,695=
(28) 8,168×6,053=

乙题：

(1) 9,798×8,787=
(2) 6,327×2,031=
(3) 3,415×1,758=
(4) 5,109×4,835=
(5) 1,983×3,088=
(6) 7,854×5,209=
(7) 6,038×7,457=
(8) 2,828×9,996=
(9) 1,031×9,899=
(10) 4,765×5,876=
(11) 2,632×6,089=
(12) 6,574×1,004=
(13) 7,685×9,995=
(14) 9,696×8,786=
(15) 8,329×1,033=
(16) 5,408×2,678=
(17) 2,933×6,534=
(18) 6,089×9,896=
(19) 3,416×5,783=
(20) 4,527×2,079=
(21) 5,445×9,889=
(22) 1,414×8,652=
(23) 5,566×3,714=
(24) 2,098×5,704=
(25) 3,419×4,153=
(26) 4,327×9,992=
(27) 8,679×1,005=
(28) 9,895×3,956=

合计_____   合计_____

总计_____

分号	4-23
总号	145

乘法练习题二十三

班级＿＿＿＿
姓名＿＿＿＿
学号＿＿＿＿

甲题：

（1）3,284×5,962＝
（2）2,769×3,574＝
（3）5,832×6,425＝
（4）3,675×9,873＝
（5）9,534×2,109＝
（6）1,987×8,435＝
（7）8,057×9,876＝
（8）2,964×1,008＝
（9）3,452×5,784＝
（10）4,803×2,985＝
（11）3,695×4,871＝
（12）6,549×2,689＝
（13）3,658×5,708＝
（14）4,729×6,084＝
（15）9,587×9,987＝
（16）1,876×1,032＝
（17）4,519×2,638＝
（18）5,608×3,787＝
（19）6,784×5,832＝
（20）9,542×3,929＝
（21）2,667×9,898＝
（22）3,956×4,672＝
（23）8,329×5,049＝
（24）5,634×6,257＝
（25）4,826×3,249＝
（26）5,739×5,728＝
（27）3,815×3,678＝
（28）6,534×1,083＝

乙题：

（1）6,905×4,087＝
（2）3,264×1,572＝
（3）9,815×2,609＝
（4）3,429×9,993＝
（5）4,518×2,323＝
（6）5,987×4,604＝
（7）3,181×9,832＝
（8）4,596×1,007＝
（9）3,645×2,675＝
（10）6,841×9,526＝
（11）4,629×1,987＝
（12）3,548×2,576＝
（13）5,409×3,809＝
（14）2,428×2,087＝
（15）3,657×5,921＝
（16）4,781×1,548＝
（17）1,765×2,483＝
（18）8,159×4,675＝
（19）2,987×5,326＝
（20）7,529×6,401＝
（21）3,805×2,097＝
（22）4,627×3,856＝
（23）6,732×2,654＝
（24）3,129×1,896＝
（25）2,926×9,978＝
（26）3,195×1,086＝
（27）9,576×4,875＝
（28）8,765×4,709＝

合计＿＿＿＿＿＿＿＿　　　　合计＿＿＿＿＿＿＿＿

总计＿＿＿＿＿＿＿＿

乘法练习题二十四

分号 4-24
总号 146

（要求精确到 0.0001，以下四舍五入）

甲题：
(1) 2.387×36.25＝
(2) 56.48×1.625＝
(3) 478.9×28.54＝
(4) 0.3876×1.378＝
(5) 6.479×798.4＝
(6) 48.75×36.24＝
(7) 369.8×4.753＝
(8) 1.295×56.78＝
(9) 5.386×27.88＝
(10) 74.23×3.915＝
(11) 804.9×0.5732＝
(12) 0.9652×38.24＝
(13) 26.53×6.574＝
(14) 5.876×0.1635＝
(15) 76.35×6.576＝
(16) 314.5×0.7509＝
(17) 0.01396×0.5837＝
(18) 43.86×26.73＝
(19) 953.1×5.729＝
(20) 17.34×1.626＝
(21) 0.7618×28.98＝
(22) 88.73×5.976＝
(23) 3.478×66.55＝
(24) 6.759×29.87＝
(25) 235.8×91.91＝
(26) 3.107×29.12＝
(27) 57.93×4.866＝
(28) 773.6×1.673＝

合计_____

乙题：
(1) 47.86×2.623＝
(2) 5.673×34.85＝
(3) 965.4×4.476＝
(4) 12.35×57.57＝
(5) 0.8573×65.16＝
(6) 57.34×252.6＝
(7) 467.8×83.97＝
(8) 75.27×0.3615＝
(9) 0.2549×1.034＝
(10) 86.79×53.81＝
(11) 1.657×89.79＝
(12) 28.43×2.553＝
(13) 871.7×42.28＝
(14) 363.7×73.59＝
(15) 0.9789×2.916＝
(16) 57.38×4.525＝
(17) 9.104×30.34＝
(18) 28.73×574.6＝
(19) 625.5×9.789＝
(20) 53.18×26.95＝
(21) 0.8754×0.3617＝
(22) 262.8×5.739＝
(23) 41.53×72.95＝
(24) 543.2×8.897＝
(25) 71.49×0.3029＝
(26) 6.537×57.48＝
(27) 375.8×26.26＝
(28) 55.74×9.384＝

合计_____

总计_____

乘法练习题二十五

分号 4-25
总号 147

（要求精确到 0.0001，以下四舍五入）

甲题：

(1) 53.89×2.397＝
(2) 0.5134×87.29＝
(3) 2.357×657.8＝
(4) 48.63×0.8767＝
(5) 5.674×0.1485＝
(6) 66.44×1.003＝
(7) 4.789×65.04＝
(8) 97.86×0.9991＝
(9) 4.573×1,009＝
(10) 78.91×7,954＝
(11) 0.1493×5.673＝
(12) 2.845×0.5416＝
(13) 34.57×8.071＝
(14) 8.075×35.26＝
(15) 4.953×0.01524＝
(16) 0.9104×73.03＝
(17) 26.78×0.5719＝
(18) 3.085×31.02＝
(19) 84.09×9.994＝
(20) 2,578×10.57＝
(21) 4.763×97.97＝
(22) 76.04×2.378＝
(23) 3.116×75.75＝
(24) 9,993×2,087＝
(25) 65.54×3,825＝
(26) 2.103×92.43＝
(27) 83.26×5.709＝
(28) 7,359×48.53＝

乙题：

(1) 9.753×30.74＝
(2) 26.09×853.6＝
(3) 5.794×10.06＝
(4) 0.6345×9.967＝
(5) 38.99×5,706＝
(6) 4.781×2,078＝
(7) 65.63×84.09＝
(8) 357.4×1.998＝
(9) 6.303×8.575＝
(10) 26.26×38.05＝
(11) 9,309×5.738＝
(12) 10.04×9.099＝
(13) 58.59×37.44＝
(14) 893.6×0.1003＝
(15) 4.453×27.96＝
(16) 58.34×9.934＝
(17) 98.97×3.396＝
(18) 2.879×54.67＝
(19) 0.8979×3.377＝
(20) 8.456×78.25＝
(21) 1,006×5.089＝
(22) 38.59×432.1＝
(23) 737.4×6.933＝
(24) 85.71×99.98＝
(25) 357.9×1.002＝
(26) 53.24×6.435＝
(27) 953.5×78.66＝
(28) 61.44×97.05＝

合计_____   合计_____

总计_____

| 分号 4-26 |
| 总号 148 |

乘法练习题二十六

班级_____
姓名_____
学号_____

（要求精确到 0.0001，以下四舍五入）

甲题：

(1) 83.29×5.783＝
(2) 0.2736×46.25＝
(3) 3,985×5.642＝
(4) 32.98×0.5732＝
(5) 6.487×25.32＝
(6) 4,831×0.5412＝
(7) 96.28×6.478＝
(8) 0.8304×2.078＝
(9) 36.53×67.45＝
(10) 5.718×0.08327＝
(11) 84.23×7.548＝
(12) 73.45×4.329＝
(13) 9.268×0.05319＝
(14) 83.06×6.734＝
(15) 4.574×32.87＝
(16) 32.54×0.8309＝
(17) 6.932×73.38＝
(18) 0.2573×0.8317＝
(19) 64.29×32.46＝
(20) 5.738×41.59＝
(21) 98.89×0.9996＝
(22) 3.183×20.74＝
(23) 65.29×0.7408＝
(24) 0.4805×29.85＝
(25) 4.637×65.96＝
(26) 32.87×5.447＝
(27) 8.046×0.08321＝
(28) 9.426×10.07＝

合计_____

乙题：

(1) 4.783×29.83＝
(2) 0.6452×8.731＝
(3) 57.29×0.3084＝
(4) 7.452×64.83＝
(5) 83.29×0.08029＝
(6) 3.728×69.69＝
(7) 4.573×23.62＝
(8) 87.69×0.08321＝
(9) 0.4675×7.809＝
(10) 65.29×37.88＝
(11) 2.643×53.18＝
(12) 18.09×9.089＝
(13) 0.3218×26.47＝
(14) 55.46×4.738＝
(15) 3.897×64.24＝
(16) 54.09×0.8312＝
(17) 10.75×4.796＝
(18) 6.308×50.26＝
(19) 47.83×7.329＝
(20) 0.5732×84.31＝
(21) 95.95×9.993＝
(22) 8.623×0.1004＝
(23) 5.714×0.6708＝
(24) 32.57×4.829＝
(25) 7.412×15.87＝
(26) 3.832×6.259＝
(27) 0.4217×0.08039＝
(28) 4.532×26.34＝

合计_____

总计_____

珠算习题集

分号	4-27
总号	149

乘法练习题二十七

班级＿＿＿＿
姓名＿＿＿＿
学号＿＿＿＿

（要求精确到 0.0001，以下四舍五入）

甲题：
（1）85.73×2.468＝
（2）3.265×42.39＝
（3）0.8429×5.7264＝
（4）7.457×0.8329＝
（5）26.35×9.987＝
（6）3.457×5.728＝
（7）0.3985×0.4526＝
（8）9.876×26.34＝
（9）57.29×0.8318＝
（10）0.4026×9.957＝
（11）25.31×0.4083＝
（12）0.2957×54.38＝
（13）42.15×0.08109＝
（14）3.246×1.005＝
（15）24.39×92.29＝
（16）8.576×0.9325＝
（17）0.4726×4.815＝
（18）3.209×1.032＝
（19）45.23×0.8095＝
（20）2.618×42.34＝
（21）57.29×0.08206＝
（22）4.157×62.36＝
（23）78.26×0.3145＝
（24）9.208×0.5329＝
（25）0.4986×4.524＝
（26）6.297×34.68＝
（27）59.36×0.8716＝
（28）4.231×92.38＝

乙题：
（1）0.1987×23.15＝
（2）4.189×0.8396＝
（3）32.65×57.32＝
（4）6.632×98.98＝
（5）51.36×0.4828＝
（6）672.5×3.484＝
（7）9.789×10.02＝
（8）39.26×4.905＝
（9）702.8×9.027＝
（10）5.326×0.8736＝
（11）42.29×9.981＝
（12）0.3184×0.2085＝
（13）0.9107×1.023＝
（14）89.36×58.74＝
（15）6.675×3.819＝
（16）0.2096×45.09＝
（17）67.18×0.1765＝
（18）542.6×8.761＝
（19）3.718×54.23＝
（20）95.95×24.87＝
（21）8.219×0.2419＝
（22）0.8195×4.096＝
（23）22.65×0.5784＝
（24）3.219×62.42＝
（25）57.08×3.096＝
（26）412.5×0.8316＝
（27）99.96×8.989＝
（28）3.419×10.25＝

合计＿＿＿＿＿　　　　合计＿＿＿＿＿

总计＿＿＿＿＿

乘法练习题二十八

分号 4-28
总号 150

甲题：

(1) 4,723×6,805＝
(2) 2,642×5,729＝
(3) 8,574×9,026＝
(4) 3,428×1,365＝
(5) 9,726×8,417＝
(6) 3,095×6,408＝
(7) 4,532×9,326＝
(8) 8,074×5,437＝
(9) 1,865×8,729＝
(10) 6,429×9,857＝
(11) 8,136×1,045＝
(12) 7,265×4,726＝
(13) 9,418×8,537＝
(14) 6,109×5,706＝
(15) 8,128×2,462＝
(16) 3,726×8,787＝
(17) 9,837×9,967＝
(18) 5,423×7,028＝
(19) 8,136×2,543＝
(20) 7,269×4,725＝
(21) 2,837×5,472＝
(22) 3,625×4,283＝
(23) 6,519×9,845＝
(24) 3,206×1,007＝
(25) 4,237×2,564＝
(26) 9,723×5,846＝
(27) 3,108×2,049＝
(28) 5,826×9,997＝

合计_____

乙题：

(1) 89,254×3,846＝
(2) 24,532×7,265＝
(3) 73,186×2,617＝
(4) 36,207×1,546＝
(5) 74,383×4,075＝
(6) 25,809×9,632＝
(7) 64,368×8,507＝
(8) 81,276×1,486＝
(9) 65,167×8,326＝
(10) 74,315×9,645＝
(11) 30,268×7,506＝
(12) 84,176×8,297＝
(13) 61,074×6,043＝
(14) 29,263×3,829＝
(15) 82,016×9,595＝
(16) 47,269×8,786＝
(17) 30,276×4,087＝
(18) 62,036×1,038＝
(19) 24,174×8,715＝
(20) 57,263×5,432＝
(21) 83,584×6,139＝
(22) 64,176×9,367＝
(23) 31,024×5,109＝
(24) 24,387×8,654＝
(25) 76,406×9,726＝
(26) 15,238×2,574＝
(27) 83,167×1,863＝
(28) 25,037×8,414＝

合计_____

总计_____

分号	4-29
总号	151

乘法练习题二十九

班级_____
姓名_____
学号_____

甲题：

(1) 87,325×4,257＝

(2) 63,296×3,872＝

(3) 59,301×8,439＝

(4) 21,573×9,584＝

(5) 37,208×3,025＝

(6) 92,696×4,953＝

(7) 64,357×1,854＝

(8) 87,269×6,432＝

(9) 96,534×5,845＝

(10) 21,385×9,898＝

(11) 74,273×2,584＝

(12) 38,615×4,957＝

(13) 64,257×1,024＝

(14) 89,023×5,782＝

(15) 26,467×8,325＝

(16) 40,618×4,731＝

(17) 37,549×2,649＝

(18) 61,827×5,043＝

(19) 26,234×6,408＝

(20) 31,876×9,324＝

(21) 45,957×8,429＝

(22) 17,284×5,348＝

(23) 84,318×4,107＝

(24) 36,467×2,758＝

(25) 49,634×5,846＝

(26) 53,126×6,957＝

(27) 18,453×9,839＝

(28) 69,574×1,002＝

合计_____

乙题：

(1) 10,478×3,725＝

(2) 45,267×6,318＝

(3) 83,129×5,632＝

(4) 62,536×9,746＝

(5) 26,413×7,108＝

(6) 47,305×1,087＝

(7) 24,197×2,738＝

(8) 54,269×3,847＝

(9) 61,078×4,538＝

(10) 92,405×7,846＝

(11) 80,296×1,984＝

(12) 57,952×8,426＝

(13) 32,647×6,315＝

(14) 96,728×4,723＝

(15) 83,265×9,835＝

(16) 71,416×5,409＝

(17) 43,874×3,265＝

(18) 92,652×6,157＝

(19) 81,024×5,096＝

(20) 62,315×7,825＝

(21) 40,329×9,138＝

(22) 17,267×2,853＝

(23) 94,316×8,137＝

(24) 26,139×4,208＝

(25) 81,257×9,095＝

(26) 47,058×6,425＝

(27) 68,317×5,302＝

(28) 13,298×4,757＝

合计_____

总计_____

分号	4-30
总号	152

乘法练习题三十

（要求精确到0.0001，以下四舍五入）

甲题：

(1) 3.2654×48.23=

(2) 62.45×8.145=

(3) 957.23×2.678=

(4) 50.819×0.1249=

(5) 472.15×73.08=

(6) 0.8426×5.7264=

(7) 641.15×84.17=

(8) 2.469×4.768=

(9) 23.357×0.9848=

(10) 0.9675×26.34=

(11) 8.7261×61.29=

(12) 54.37×9.584=

(13) 2.0538×0.4107=

(14) 48.26×57.14=

(15) 0.8039×20.067=

(16) 9.624×58.72=

(17) 41.263×5.784=

(18) 0.6326×23.87=

(19) 5.4032×0.5728=

(20) 85.208×42.69=

(21) 0.01839×6.4057=

(22) 3.2651×94.68=

(23) 704.28×0.8539=

(24) 64.95×4.726=

(25) 419.25×0.8076=

(26) 95.83×9.967=

(27) 1.2094×10.32=

(28) 84.15×48.106=

合计_____

乙题：

(1) 43.28×8.4132=

(2) 5.9326×0.04519=

(3) 264.08×32.45=

(4) 0.7643×99.94=

(5) 65.791×0.7108=

(6) 8.235×64.257=

(7) 36.478×5.036=

(8) 0.90848×10.98=

(9) 571.29×24.87=

(10) 6.7053×6.038=

(11) 278.51×10.09=

(12) 84.16×7.205=

(13) 0.4678×34.251=

(14) 96.37×8.3264=

(15) 6.4025×0.06398=

(16) 72.38×31.072=

(17) 1.4257×0.08175=

(18) 0.5342×47.29=

(19) 64.108×0.9053=

(20) 8.7253×24.59=

(21) 253.19×1.548=

(22) 3.4084×9.989=

(23) 52.63×0.3408=

(24) 0.6129×0.08315=

(25) 44.374×5.298=

(26) 129.23×64.35=

(27) 8.254×324.15=

(28) 94.312×0.5083=

合计_____

总计_____

乘法练习题三十一

分号 4-31
总号 153

（要求精确到 0.0001，以下四舍五入）

甲题：

(1) 83.25×4.8532＝
(2) 1.2576×0.8354＝
(3) 632.47×45.63＝
(4) 0.7183×632.18＝
(5) 2.3084×2.546＝
(6) 95.832×0.8259＝
(7) 612.17×17.08＝
(8) 4.025×53.296＝
(9) 0.82392×5.437＝
(10) 52.07×431.83＝
(11) 9.4532×0.6215＝
(12) 71.184×27.56＝
(13) 0.68329×0.4125＝
(14) 5.284×6.1034＝
(15) 23.745×82.47＝
(16) 0.80329×28.05＝
(17) 7.384×302.08＝
(18) 453.67×0.2645＝
(19) 63.958×4.253＝
(20) 2.0675×38.48＝
(21) 92.63×0.50842＝
(22) 345.62×98.89＝
(23) 15.406×2.038＝
(24) 4.1532×64.55＝
(25) 0.8539×0.18036＝
(26) 74.263×1.006＝
(27) 0.60815×45.67＝
(28) 39.68×0.04557＝

乙题：

(1) 187.26×0.4539＝
(2) 2.651×87.263＝
(3) 49.562×3.507＝
(4) 8.4309×62.62＝
(5) 350.48×2.178＝
(6) 0.54107×48.36＝
(7) 7.4652×0.03129＝
(8) 24.876×9.987＝
(9) 3.0245×23.08＝
(10) 95.041×8.313＝
(11) 0.7632×46.257＝
(12) 602.57×0.8319＝
(13) 54.126×98.18＝
(14) 0.6423×8.7165＝
(15) 76.205×30.27＝
(16) 412.18×0.1003＝
(17) 64.057×8.476＝
(18) 942.17×0.6083＝
(19) 15.723×47.25＝
(20) 20.608×3.956＝
(21) 4.0832×97.63＝
(22) 56.24×0.10872＝
(23) 6.9056×44.75＝
(24) 0.03184×82.57＝
(25) 98.87×0.67215＝
(26) 4.7215×98.26＝
(27) 32.572×0.1083＝
(28) 512.64×8.795＝

合计_____ 合计_____

总计_____

乘法练习题三十二

甲题：

(1) 67,259×18,403=
(2) 42,067×57,329=
(3) 51,318×42,157=
(4) 94,186×21,795=
(5) 83,475×34,964=
(6) 70,832×65,072=
(7) 45,318×16,283=
(8) 58,269×71,387=
(9) 31,242×60,976=
(10) 40,831×95,207=
(11) 32,357×84,176=
(12) 17,206×25,087=
(13) 37,453×81,246=
(14) 76,294×68,315=
(15) 67,395×17,208=
(16) 95,429×87,924=
(17) 61,318×42,157=
(18) 92,367×15,832=
(19) 57,435×26,716=
(20) 82,374×40,273=
(21) 61,207×64,157=
(22) 94,816×37,684=
(23) 73,195×21,816=
(24) 52,063×98,423=
(25) 40,726×52,078=
(26) 32,642×87,165=
(27) 57,248×23,017=
(28) 18,305×41,256=

合计_____

乙题：

(1) 87,206×48,572=
(2) 31,345×26,187=
(3) 25,167×97,643=
(4) 64,483×15,426=
(5) 90,819×39,218=
(6) 53,752×57,287=
(7) 26,423×86,536=
(8) 42,319×25,483=
(9) 97,632×99,897=
(10) 53,298×60,238=
(11) 75,036×57,083=
(12) 84,317×81,206=
(13) 70,283×92,547=
(14) 97,624×38,753=
(15) 64,137×20,291=
(16) 87,842×95,328=
(17) 84,267×10,032=
(18) 76,526×45,717=
(19) 37,804×20,457=
(20) 24,738×65,164=
(21) 51,532×85,511=
(22) 75,261×40,675=
(23) 26,783×25,186=
(24) 91,944×65,751=
(25) 17,627×80,837=
(26) 28,561×45,588=
(27) 35,188×25,315=
(28) 53,649×60,893=

合计_____

总计_____

分 号	4-33
总 号	155

乘 法 练 习 题

班级_____
姓名_____
学号_____

要求用简捷法计算下列各题：

甲题：

（1） 2,908×19＝

（2） 5,317×12＝

（3） 4,296×16＝

（4） 1,534×18＝

（5） 3,407×17＝

（6） 5,569×14＝

（7） 3,793×15＝

（8） 4,692×13＝

（9） 2,168×19＝

（10） 6,735×11＝

（11） 4,502×15＝

（12） 3,412×16＝

（13） 6,958×14＝

（14） 2,873×12＝

（15） 5,941×18＝

（16） 6,357×17＝

（17） 8,572×15＝

（18） 7,154×12＝

（19） 5,963×14＝

（20） 4,586×16＝

（21） 9,751×13＝

（22） 9,625×19＝

（23） 6,498×18＝

（24） 8,372×17＝

（25） 3,264×16＝

乙题：

（1） 6,319×108＝

（2） 1,894×106＝

（3） 5,726×105＝

（4） 8,273×104＝

（5） 4,935×103＝

（6） 9,152×102＝

（7） 5,491×101＝

（8） 9,703×109＝

（9） 2,684×107＝

（10） 9,179×103＝

（11） 6,308×105＝

（12） 1,592×107＝

（13） 3,574×102＝

（14） 4,027×108＝

（15） 3,905×104＝

（16） 9,823×106＝

（17） 1,762×101＝

（18） 6,294×109＝

（19） 8,351×106＝

（20） 3,268×105＝

（21） 4,139×107＝

（22） 4,983×108＝

（23） 4,375×104＝

（24） 8,786×102＝

（25） 7,455×103＝

合计_____   合计_____

总计_____

分号	4-34
总号	156

乘 法 练 习 题

班级_____
姓名_____
学号_____

要求用简捷法计算下列各题：

甲题：

（1） 7,546×98＝

（2） 2,893×91＝

（3） 6,124×96＝

（4） 8,073×98＝

（5） 4,968×92＝

（6） 9,327×97＝

（7） 7,616×94＝

（8） 8,369×93＝

（9） 4,905×94＝

（10） 7,792×95＝

（11） 3,759×93＝

（12） 3,124×98＝

（13） 7,346×99＝

（14） 2,368×95＝

（15） 5,809×97＝

（16） 8,695×95＝

（17） 6,382×98＝

（18） 2,743×92＝

（19） 9,836×96＝

（20） 5,787×94＝

（21） 1,974×93＝

（22） 7,649×99＝

（23） 4,761×96＝

（24） 8,238×95＝

（25） 5,819×94＝

乙题：

（1） 7,498×992＝

（2） 9,623×993＝

（3） 8,592×997＝

（4） 7,236×995＝

（5） 4,927×991＝

（6） 8,392×994＝

（7） 3,184×996＝

（8） 7,862×993＝

（9） 2,803×994＝

（10） 5,768×992＝

（11） 3,974×997＝

（12） 6,869×999＝

（13） 7,426×998＝

（14） 5,751×996＝

（15） 6,574×994＝

（16） 4,756×997＝

（17） 1,895×993＝

（18） 3,243×998＝

（19） 4,152×996＝

（20） 2,631×995＝

（21） 4,258×992＝

（22） 1,373×994＝

（23） 1,825×997＝

（24） 6,937×9,993＝

（25） 7,498×992＝

合计_____   合计_____

总计_____

分号	4-35
总号	157

乘法测定题一

班级_____
姓名_____
学号_____

（要求精确到 0.0001，以下四舍五入）

参考时间：10 分钟

(1) 83.94×18＝

(2) 9.39×29.7＝

(3) 36.94×0.28＝

(4) 84.72×830＝

(5) 4,079×26＝

(6) 5,826×37＝

(7) 519×876＝

(8) 65×8,157＝

(9) 9,562×48＝

(10) 926×387＝

(11) 0.785×426＝

(12) 65.62×0.58＝

(13) 49×3,897＝

(14) 63.74×0.578＝

(15) 16.13×82.10＝

(16) 94.63×82＝

(17) 78.50×0.314＝

(18) 96.70×2.52＝

(19) 69×27.43＝

(20) 63.85×72＝

(21) 0.65×5,492＝

(22) 48.91×38＝

(23) 764×983＝

(24) 54.18×0.79＝

(25) 0.64×0.8748＝

(26) 75.75×0.84＝

(27) 357×698＝

(28) 0.864×9.25＝

(29) 59×31.48＝

(30) 365×417＝

(31) 796×634＝

(32) 935×78.40＝

(33) 793×479＝

(34) 45.50×848＝

(35) 5,142×79＝

(36) 28×5,278＝

(37) 4,793×36＝

(38) 2,345×86＝

(39) 0.976×0.418＝

(40) 892×6.18＝

完成题_____   正确题_____

乘法测定题二

参考时间：10分钟

（1）2,398×745＝

（2）614×0.0587＝

（3）571,398×64＝

（4）16.8×875＝

（5）46,583×729＝

（6）6,714.80×295＝

（7）482×735＝

（8）5.47×6.95＝

（9）82.374×0.01279＝

（10）0.5386×0.10735＝

（11）428×0.197＝

（12）7,934×356＝

（13）326×1,387＝

（14）9,682×6.27＝

（15）56,714×79＝

（16）34,856×0.528＝

（17）72×29,576＝

（18）25,347×0.089＝

（19）3.08×8,604＝

（20）6,357×79＝

（21）28×61,537＝

（22）743×1,893＝

（23）698×7,243＝

（24）26×5,897＝

（25）6,375×0.96＝

（26）15,769×4.08＝

（27）527×4,850＝

（28）879×10.58＝

（29）215×7,569＝

（30）0.983×0.164＝

（31）816×3,450＝

（32）4,130×95.10＝

（33）297×7,853＝

（34）6,034×297＝

（35）50,498×64＝

（36）689×0.375＝

（37）48×19,086＝

（38）1,073×2,548＝

（39）9,026×487＝

（40）594×68.75＝

完成题_____　　正确题_____

第 五 部 分

| 分号 5-1 |
| 总号 159 |

除法练习题一

班级　　　　　
姓名　　　　　
学号　　　　　

要求利用公式定位法（$m-n, m-n+1$），分别标出下列除商的位数：

（1）$831,776 \div 47.26 = 176$

（2）$44,758 \div 63.94 = 7$

（3）$5,115,200 \div 8,000 = 6394$

（4）$8,803.80 \div 0.009 = 9782$

（5）$774,576 \div 0.528 = 1467$

（6）$4,560,828 \div 8,490 = 5372$

（7）$447,435 \div 146,700 = 305$

（8）$912,213 \div 2,370 = 3849$

（9）$0.7382055 \div 0.8695 = 849$

（10）$3.6342 \div 4.038 = 9$

（11）$54.528 \div 568 = 96$

（12）$1.79968 \div 0.0037 = 4864$

（13）$2,581.112 \div 67,924 = 38$

（14）$408.85215 \div 0.06945 = 5887$

（15）$6 \div 0.048 = 125$

（16）$4,598.02944 \div 9,792 = 46957$

（17）$6,486.94 \div 96.82 = 67$

（18）$58.0604 \div 0.0074 = 7846$

（19）$15,242,700 \div 16.39 = 9300$

（20）$25,109.36 \div 274 = 9164$

（21）$474,962.64 \div 4,962 = 9572$

（22）$354,754,890 \div 50,730 = 6993$

（23）$6,004.664 \div 6,184 = 971$

（24）$7,119,920 \div 7,295 = 976$

（25）$82,586,558 \div 8,306 = 9943$

（1）$0.6795592 \div 0.5701 = 1192$

（2）$67 \div 4,919 = 13620654$

（3）$366,131 \div 0.9174 = 399096$

（4）$44.4524 \div 0.756 = 5879947$

（5）$23,378,640 \div 6,960 = 3359$

（6）$13,013,672 \div 22,480 = 5789$

（7）$51,122,740 \div 5,674 = 9010$

（8）$637,623.26 \div 81.82 = 7793$

（9）$4,000,000 \div 0.875 = 457142857$

（10）$0.1415 \div 0.00934 = 151498929$

（11）$0.9652174 \div 0.561 = 1720530125$

（12）$4,511,664 \div 23,256 = 194$

（13）$12,372,040 \div 1,640 = 7543926829$

（14）$10,496,500 \div 127.50 = 8232549$

（15）$3,051,686 \div 3,404 = 8965$

（16）$57.57268 \div 5,689 = 1012$

（17）$10,575,912 \div 8,726 = 1212$

（18）$11.202664 \div 1,793 = 6248$

（19）$643.6532 \div 874.80 = 73577$

（20）$1,357,211.35 \div 8,965 = 15139$

（21）$34,082,010 \div 6,294 = 5415$

（22）$21.81726 \div 198.70 = 1098$

（23）$2,786,648 \div 21,370 = 1304$

（24）$472,484.22 \div 668.20 = 7071$

（25）$34,834,220 \div 19,600 = 1777256$

分号	5-2
总号	160

除法练习题二

班级_____
姓名_____
学号_____

甲题：

(1) 57,506÷2=
(2) 94,684÷2=
(3) 52,390÷2=
(4) 76,358÷2=
(5) 76,412÷2=
(6) 41,974÷2=
(7) 72,990÷2=
(8) 287,538÷3=
(9) 86,889÷3=
(10) 295,638÷3=
(11) 256,227÷3=
(12) 155,589÷3=
(13) 115,620÷3=
(14) 257,883÷3=
(15) 303,680÷4=
(16) 114,372÷4=
(17) 200,856÷4=
(18) 339,740÷4=
(19) 298,408÷4=
(20) 323,728÷4=
(21) 272,424÷4=
(22) 409,520÷5=
(23) 397,715÷5=
(24) 52,740÷5=
(25) 149,215÷5=
(26) 384,790÷5=
(27) 129,820÷5=
(28) 415,080÷5=

合计_____

乙题：

(1) 344,472÷6=
(2) 590,556÷6=
(3) 348,792÷6=
(4) 94,938÷6=
(5) 124,884÷6=
(6) 210,588÷6=
(7) 211,608÷6=
(8) 214,872÷7=
(9) 608,440÷7=
(10) 406,294÷7=
(11) 269,437÷7=
(12) 321,461÷7=
(13) 129,724÷7=
(14) 670,922÷7=
(15) 465,968÷8=
(16) 607,440÷8=
(17) 636,128÷8=
(18) 166,848÷8=
(19) 785,312÷8=
(20) 389,768÷8=
(21) 311,632÷8=
(22) 256,887÷9=
(23) 604,080÷9=
(24) 887,139÷9=
(25) 521,289÷9=
(26) 440,613÷9=
(27) 683,829÷9=
(28) 778,473÷9=

合计_____

总计_____

| 分号 | 5-3 |
| 总号 | 161 |

除法练习题三

班级＿＿＿＿＿＿
姓名＿＿＿＿＿＿
学号＿＿＿＿＿＿

甲题：

（1） 115,366÷2＝
（2） 192,480÷5＝
（3） 508,112÷8＝
（4） 35,441÷7＝
（5） 1,958,742÷3＝
（6） 575,082÷6＝
（7） 27,336÷4＝
（8） 762,588÷9＝
（9） 195,972÷3＝
（10） 336,215÷5＝
（11） 350,248÷4＝
（12） 231,954÷6＝
（13） 586,180÷7＝
（14） 507,936÷8＝
（15） 77,188÷2＝
（16） 491,616÷9＝
（17） 176,280÷5＝
（18） 109,068÷3＝
（19） 37,186÷2＝
（20） 459,585÷7＝
（21） 871,794÷9＝
（22） 522,656÷8＝
（23） 110,048÷4＝
（24） 323,076÷6＝
（25） 166,235÷5＝
（26） 67,096÷2＝
（27） 386,260÷4＝
（28） 167,529÷3＝

乙题：

（1） 459,384÷8＝
（2） 218,084÷4＝
（3） 481,810÷5＝
（4） 67,605÷3＝
（5） 70,526÷2＝
（6） 340,046÷7＝
（7） 513,990÷6＝
（8） 5,971,707÷9＝
（9） 172,389÷3＝
（10） 521,712÷8＝
（11） 161,625÷5＝
（12） 524,889÷9＝
（13） 42,102÷2＝
（14） 254,328÷4＝
（15） 213,514÷7＝
（16） 328,812÷6＝
（17） 208,012÷4＝
（18） 668,070÷9＝
（19） 521,120÷8＝
（20） 366,884÷7＝
（21） 122,560÷5＝
（22） 175,356÷3＝
（23） 51,378÷6＝
（24） 116,268÷2＝
（25） 180,135÷9＝
（26） 479,171÷7＝
（27） 678,008÷8＝
（28） 507,792÷6＝

合计＿＿＿＿＿＿＿＿＿＿   合计＿＿＿＿＿＿＿＿＿＿

总计＿＿＿＿＿＿＿＿＿＿

除法练习题四

（要求精确到 0.001，以下四舍五入）

甲题：

(1) 22.09464÷0.8＝
(2) 2,084.9344÷3.2＝
(3) 2,764.3105÷8.5＝
(4) 1,614,480÷30＝
(5) 50.1192÷0.06＝
(6) 515,317÷79＝
(7) 1.8535602÷5.7＝
(8) 5.6925÷0.9＝
(9) 2,658.6975÷8.3＝
(10) 0.219976÷0.62＝
(11) 24,943,200÷400＝
(12) 466.1712÷5.4＝
(13) 37.2505÷0.7＝
(14) 1,776,870÷270＝
(15) 26.215÷50＝
(16) 0.13144÷0.04＝
(17) 11,499.6÷1.2＝
(18) 0.477113÷0.91＝
(19) 2.0336÷6.2＝
(20) 314.5956÷0.33＝
(21) 2.26594÷8.9＝
(22) 12.341÷3.5＝
(23) 47.3517÷0.9＝
(24) 1.4088÷4.8＝
(25) 370.51÷700＝
(26) 1.83512÷0.29＝
(27) 0.0160208÷0.68＝
(28) 12.3367÷43＝

合计_____

乙题：

(1) 0.076353÷3.1＝
(2) 197.16÷600＝
(3) 3.72526÷0.59＝
(4) 0.146588÷2.6＝
(5) 7,448.19÷0.73＝
(6) 0.230398÷9.8＝
(7) 26,600,500÷500＝
(8) 29.2011÷4.7＝
(9) 259,680÷80＝
(10) 0.0653÷0.02＝
(11) 4.55854÷0.14＝
(12) 97.62÷300＝
(13) 17.9984÷0.56＝
(14) 446.472÷7.2＝
(15) 11.4072÷0.21＝
(16) 59,166.6÷6.2＝
(17) 2.092÷0.4＝
(18) 283.446÷87＝
(19) 3,554.352÷3.6＝
(20) 0.015792÷0.03＝
(21) 39,278.4÷4.2＝
(22) 481.516÷0.58＝
(23) 619.096÷7.6＝
(24) 2,600.64÷0.27＝
(25) 4,880.493÷8.1＝
(26) 0.95148÷1.8＝
(27) 49,160.8÷0.05＝
(28) 1.89255÷9.3＝

合计_____

总计_____

除法练习题五

甲题：

(1) $455,988 \div 78 =$
(2) $785,761 \div 83 =$
(3) $481,764 \div 57 =$
(4) $498,624 \div 53 =$
(5) $541,376 \div 64 =$
(6) $97,305 \div 39 =$
(7) $369,675 \div 45 =$
(8) $805,970 \div 85 =$
(9) $210,704 \div 26 =$
(10) $291,074 \div 34 =$
(11) $87,497 \div 59 =$
(12) $246,708 \div 84 =$
(13) $286,200 \div 75 =$
(14) $264,684 \div 28 =$
(15) $243,117 \div 63 =$
(16) $236,880 \div 94 =$
(17) $114,988 \div 19 =$
(18) $156,791 \div 23 =$
(19) $162,078 \div 42 =$
(20) $521,532 \div 54 =$
(21) $530,968 \div 62 =$
(22) $675,866 \div 89 =$
(23) $222,082 \div 58 =$
(24) $344,810 \div 82 =$
(25) $212,520 \div 55 =$
(26) $211,196 \div 74 =$
(27) $363,432 \div 38 =$
(28) $222,016 \div 32 =$

合计_____

乙题：

(1) $171,472 \div 56 =$
(2) $736,290 \div 81 =$
(3) $162,877 \div 17 =$
(4) $231,168 \div 24 =$
(5) $366,403 \div 43 =$
(6) $385,320 \div 52 =$
(7) $661,558 \div 67 =$
(8) $787,888 \div 92 =$
(9) $163,525 \div 25 =$
(10) $276,060 \div 86 =$
(11) $266,280 \div 28 =$
(12) $601,691 \div 97 =$
(13) $262,849 \div 31 =$
(14) $655,632 \div 87 =$
(15) $159,980 \div 38 =$
(16) $399,970 \div 46 =$
(17) $185,058 \div 27 =$
(18) $296,625 \div 35 =$
(19) $120,672 \div 48 =$
(20) $412,880 \div 65 =$
(21) $151,090 \div 29 =$
(22) $306,936 \div 36 =$
(23) $368,284 \div 49 =$
(24) $124,372 \div 68 =$
(25) $317,978 \div 37 =$
(26) $567,072 \div 66 =$
(27) $598,162 \div 73 =$
(28) $420,274 \div 47 =$

合计_____

总计_____

除法练习题六

（要求精确到 0.0001，以下四舍五入）

甲题：

(1) 2.697312÷0.32＝
(2) 2.422075÷8.5＝
(3) 4.818176÷0.064＝
(4) 2.31231÷78＝
(5) 331.5363÷0.97＝
(6) 15,481.4÷6.2＝
(7) 0.4726224÷0.048＝
(8) 15,954.4÷5.6＝
(9) 0.146421÷0.27＝
(10) 0.07852566÷0.082＝
(11) 3,735.552÷7.6＝
(12) 26.0066÷0.34＝
(13) 63.424÷0.016＝
(14) 33,068.25÷0.69＝
(15) 0.158688÷8.7＝
(16) 0.1317729÷0.021＝
(17) 2.70144÷96＝
(18) 184.3076÷0.38＝
(19) 1.500004÷0.073＝
(20) 2.161569÷8.3＝
(21) 22.3392÷0.26＝
(22) 0.370832÷0.043＝
(23) 0.120185÷6.5＝
(24) 13.6638÷0.18＝
(25) 13,373.14÷8.9＝
(26) 6.59376÷0.072＝
(27) 0.1282275÷0.45＝
(28) 0.2020434÷3.9＝

乙题：

(1) 1.91197÷0.029＝
(2) 10.4509÷0.41＝
(3) 3.8594÷92＝
(4) 1.86552÷3.6＝
(5) 81.522÷0.84＝
(6) 0.987546÷0.049＝
(7) 0.039942÷1.4＝
(8) 132.503÷0.23＝
(9) 98.665÷0.035＝
(10) 1.60524÷6.3＝
(11) 3.83542÷74＝
(12) 199.0343÷0.97＝
(13) 104.754÷0.051＝
(14) 1.204992÷4.8＝
(15) 14.4772÷0.17＝
(16) 2.29152÷0.024＝
(17) 205.863÷4.2＝
(18) 0.0199874÷0.37＝
(19) 8.01256÷9.4＝
(20) 4.21929÷0.081＝
(21) 76.225÷2.5＝
(22) 363.823÷0.86＝
(23) 0.2435286÷0.046＝
(24) 57.4458÷0.67＝
(25) 1.64046÷0.019＝
(26) 2.26845÷7.5＝
(27) 74.018÷0.28＝
(28) 0.0499985÷0.095＝

合计_____   合计_____

总计_____

分号	5-7
总号	165

除法练习题七

班级＿＿＿＿＿＿
姓名＿＿＿＿＿＿
学号＿＿＿＿＿＿

甲题：

（1）24,012÷276＝

（2）8,313÷51＝

（3）72,090÷810＝

（4）50,440÷97＝

（5）28,944÷603＝

（6）67,650÷75＝

（7）34,432÷538＝

（8）10,444÷14＝

（9）15,252÷492＝

（10）7,995÷39＝

（11）28,251÷387＝

（12）3,696÷24＝

（13）62,169÷901＝

（14）21,586÷43＝

（15）5,600÷160＝

（16）75,276÷82＝

（17）11,050÷425＝

（18）49,896÷56＝

（19）26,233÷709＝

（20）31,960÷68＝

（21）7,641÷283＝

（22）38,855÷95＝

（23）52,202÷607＝

（24）6,273÷41＝

（25）50,447÷827＝

（26）7,260÷15＝

（27）15,171÷389＝

（28）37,789÷53＝

乙题：

（1）73,720÷760＝

（2）39,950÷94＝

（3）24,012÷87＝

（4）8,313÷163＝

（5）72,090÷89＝

（6）50,440÷520＝

（7）28,944÷48＝

（8）67,650÷902＝

（9）34,432÷64＝

（10）10,444÷746＝

（11）15,252÷31＝

（12）7,995÷205＝

（13）28,251÷73＝

（14）3,696÷154＝

（15）62,169÷69＝

（16）21,586÷502＝

（17）5,600÷35＝

（18）75,276÷918＝

（19）11,050÷26＝

（20）49,896÷891＝

（21）26,233÷37＝

（22）31,960÷470＝

（23）17,632÷19＝

（24）18,446÷401＝

（25）21,140÷35＝

（26）38,531÷727＝

（27）16,192÷23＝

（28）12,264÷584＝

合计＿＿＿＿＿＿　　　　　合计＿＿＿＿＿＿

总计＿＿＿＿＿＿

分 号	5-8
总 号	166

除法练习题八

班级＿＿＿＿
姓名＿＿＿＿
学号＿＿＿＿

（要求精确到 0.0001，以下四舍五入）

甲题：

（1）39,585÷65＝
（2）72.297÷83.1＝
（3）39,748÷76＝
（4）16.290÷9.05＝
（5）3,544.32÷568＝
（6）1,953.60÷61.05＝
（7）6,719.16÷8.42＝
（8）5,787.45÷71.45＝
（9）913.50÷25＝
（10）7,627.09÷821＝
（11）1,169.94÷6.29＝
（12）7,106.22÷74＝
（13）7,276.50÷74.25＝
（14）1,066.40÷4.96＝
（15）597.635÷7.031＝
（16）518.58÷3.87＝
（17）1,281.85÷198＝
（18）301.860÷387＝
（19）3,342.32÷0.82＝
（20）2,842.21÷921＝
（21）1,034.84÷52＝
（22）13,867÷490＝
（23）4,618.98÷68.94＝
（24）977.90÷385＝
（25）4,685.76÷72＝
（26）110.21÷107＝
（27）5,252.38÷637＝
（28）12.291÷0.017＝

合计＿＿＿＿＿＿

乙题：

（1）837.79÷601＝
（2）3,107.65÷435＝
（3）2,685.67÷365＝
（4）507.78÷0.78＝
（5）113.67÷27＝
（6）1,007.50÷25＝
（7）102.24÷3.60＝
（8）2,006.90÷47＝
（9）249.14÷4.6＝
（10）16.53÷0.057＝
（11）2,368.62÷317＝
（12）4.914÷0.014＝
（13）1,001.00÷1.43＝
（14）715.20÷19.2＝
（15）1,021.92÷24＝
（16）322.76÷4.69＝
（17）6,838.92÷7.92＝
（18）4,041.26÷45.6＝
（19）792.35÷14.95＝
（20）1,785.25÷18.5＝
（21）75,411÷3.969＝
（22）1,884.70÷2.35＝
（23）4,482.92÷74＝
（24）9,276.80÷892＝
（25）3,292.71÷4.1＝
（26）5.67÷0.36＝
（27）8,363.60÷203＝
（28）4,615.10÷48.58＝

合计＿＿＿＿＿＿

总计＿＿＿＿＿＿

| 分号 | 5-9 |
| 总号 | 167 |

除法练习题九

班级_____
姓名_____
学号_____

（要求精确到 0.0001，以下四舍五入）

甲题：

(1) 4.93086÷0.093＝
(2) 1.252236÷4.82＝
(3) 1,793.792÷63.7＝
(4) 1,164.78÷0.54＝
(5) 34.7634÷3.72＝
(6) 1.50447÷0.047＝
(7) 2.669056÷83.2＝
(8) 1,526.448÷9.24＝
(9) 4.5522÷0.108＝
(10) 613.7125÷72.5＝
(11) 31.9218÷9.96＝
(12) 23.7119÷0.31＝
(13) 169.7985÷8.73＝
(14) 4.40022÷0.059＝
(15) 299.6007÷6.23＝
(16) 4,382.624÷9.07＝
(17) 0.21135912÷0.428＝
(18) 0.0844368÷3.92＝
(19) 0.352092÷0.037＝
(20) 2,869.564÷89.2＝
(21) 451.0428÷7.54＝
(22) 51.36668÷0.634＝
(23) 354.4398÷7.29＝
(24) 70,134.6÷12.3＝
(25) 2.616216÷0.804＝
(26) 0.0578856÷2.67＝
(27) 0.15576÷0.048＝
(28) 473.4429÷9.03＝

合计_____

乙题：

(1) 288.7296÷3.84＝
(2) 21.9102÷0.26＝
(3) 10.72759÷43.1＝
(4) 4.10933÷0.083＝
(5) 1,606.044÷27.6＝
(6) 144.1122÷5.43＝
(7) 0.289775÷0.067＝
(8) 43,948.84÷89.2＝
(9) 168.2384÷31.6＝
(10) 7.09512÷0.94＝
(11) 1.1284÷0.0208＝
(12) 8.17344÷3.96＝
(13) 41,653.7÷41.8＝
(14) 7.54606÷0.307＝
(15) 115.661÷0.574＝
(16) 13.83952÷2.68＝
(17) 2,662.785÷42.3＝
(18) 579.0744÷0.612＝
(19) 103.9108÷5.18＝
(20) 6,701.292÷70.2＝
(21) 4.70838÷0.097＝
(22) 8,888.88÷1.04＝
(23) 147.7189÷2.87＝
(24) 0.88103÷0.019＝
(25) 1.466326÷5.87＝
(26) 3,931.694÷96.2＝
(27) 3.73745÷0.085＝
(28) 0.1849327÷7.43＝

合计_____

总计_____

除法练习题十

分号 5-10
总号 168

（要求精确到 0.0001，以下四舍五入）

甲题：

(1) 0.2235753÷8.73=
(2) 4.38771÷0.69=
(3) 1.161202÷0.574=
(4) 20.19648÷62.8=
(5) 4,920.24÷5.7=
(6) 306.031÷94.6=
(7) 26,954.88÷2.78=
(8) 0.343256÷0.34=
(9) 180.0975÷8.85=
(10) 0.0139191÷0.039=
(11) 29.9805÷4.74=
(12) 0.274818÷5.62=
(13) 74.2284÷0.87=
(14) 8.23768÷25.3=
(15) 0.2146258÷8.42=
(16) 0.0580534÷0.0109=
(17) 0.2468544÷9.89=
(18) 290.5252÷0.301=
(19) 494.615÷78.2=
(20) 1.653652÷6.49=
(21) 8.49002÷25.9=
(22) 5,064.033÷0.533=
(23) 19.05318÷90.6=
(24) 420.6972÷4.71=
(25) 218,194.4÷85.6=
(26) 2,761.22÷0.77=
(27) 0.720447÷2.03=
(28) 89.0668÷10.7=

合计_____

乙题：

(1) 9.53836÷44.2=
(2) 35,059.62÷3.81=
(3) 3.58266÷0.174=
(4) 0.060368÷2.8=
(5) 0.0079661÷0.037=
(6) 8.91362÷1.03=
(7) 26.27092÷98.8=
(8) 5.54092÷25.7=
(9) 51,859.8÷613=
(10) 0.131758÷5.3=
(11) 0.137984÷0.64=
(12) 67.64388÷7.23=
(13) 99,999.6÷99.8=
(14) 0.814248÷52.6=
(15) 254.67÷0.078=
(16) 2.314628÷3.62=
(17) 1,984,469.2÷85.7=
(18) 0.095719÷0.37=
(19) 0.73472÷2.24=
(20) 1.722882÷79.8=
(21) 1.9074÷6.6=
(22) 40.8625÷12.5=
(23) 1,320.39÷0.51=
(24) 7,732.846÷90.2=
(25) 0.2306962÷8.98=
(26) 16.12416÷62.4=
(27) 488.3424÷5.07=
(28) 0.740569÷0.089=

合计_____

总计_____

除法练习题十一

分号 5-11
总号 169

班级＿＿＿＿
姓名＿＿＿＿
学号＿＿＿＿

（要求精确到 0.0001，以下四舍五入）

甲题：

（1）115,974÷153＝
（2）85,094÷271＝
（3）77,816÷137＝
（4）102,666÷241＝
（5）431,508÷462＝
（6）113,067÷153＝
（7）473,499÷923＝
（8）480,035÷589＝
（9）163,812÷219＝
（10）150,436÷572＝
（11）466,335÷723＝
（12）473,499÷513＝
（13）588,612÷813＝
（14）176,963÷271＝
（15）344,032÷416＝
（16）374,454÷879＝
（17）46,736÷127＝
（18）167,442÷649＝
（19）796,608÷864＝
（20）591,136÷812＝
（21）619,926÷746＝
（22）256,893÷273＝
（23）516,534÷591＝
（24）621,132÷764＝
（25）273,105÷315＝
（26）308,902÷739＝
（27）752,706÷789＝
（28）304,668÷819＝

乙题：

（1）804,837÷957＝
（2）24,453÷715＝
（3）443,207÷527＝
（4）43,382÷436＝
（5）291,384÷456＝
（6）240,087÷573＝
（7）336,069÷461＝
（8）294,882÷826＝
（9）196,386÷461＝
（10）298,936÷316＝
（11）238,656÷678＝
（12）185,514÷294＝
（13）591,136÷812＝
（14）67,893÷427＝
（15）97,467÷613＝
（16）588,612÷724＝
（17）176,963÷653＝
（18）90,454÷142＝
（19）185,514÷294＝
（20）480,035÷589＝
（21）344,032÷827＝
（22）351,912÷946＝
（23）61,625÷493＝
（24）238,656÷352＝
（25）374,454÷426＝
（26）369,564÷897＝
（27）761,904÷814＝
（28）619,926÷746＝

合计＿＿＿＿＿　　　　　　　　　　合计＿＿＿＿＿

总计＿＿＿＿＿

除法练习题十二

分号 5-12
总号 170

甲题：

(1) 3,618,594÷378＝
(2) 6,082,138÷746＝
(3) 2,663,232÷832＝
(4) 2,305,868÷269＝
(5) 1,146,498÷534＝
(6) 4,206,312÷678＝
(7) 2,946,536÷346＝
(8) 1,196,602÷218＝
(9) 3,349,758÷573＝
(10) 8,759,776÷914＝
(11) 3,626,260÷622＝
(12) 1,651,914÷309＝
(13) 4,002,072÷578＝
(14) 4,529,448÷473＝
(15) 5,654,440÷181＝
(16) 1,550,247÷269＝
(17) 4,666,056÷552＝
(18) 6,627,647÷767＝
(19) 5,308,856÷812＝
(20) 5,547,888÷653＝
(21) 3,677,232÷426＝
(22) 4,011,558÷587＝
(23) 5,811,416÷884＝
(24) 1,944,448÷352＝
(25) 8,417,386÷878＝
(26) 5,649,580÷652＝
(27) 6,558,940÷764＝
(28) 2,271,456÷594＝

合计＿＿＿＿

乙题：

(1) 1,730,736÷204＝
(2) 7,072,992÷738＝
(3) 5,308,680÷615＝
(4) 1,674,580÷829＝
(5) 4,382,173÷457＝
(6) 9,327,178÷973＝
(7) 5,111,652÷546＝
(8) 6,671,444÷676＝
(9) 3,804,388÷581＝
(10) 3,281,490÷342＝
(11) 1,749,572÷187＝
(12) 3,946,725÷405＝
(13) 2,946,927÷339＝
(14) 5,142,630÷615＝
(15) 1,351,379÷373＝
(16) 3,265,168÷899＝
(17) 3,808,264÷584＝
(18) 6,033,476÷706＝
(19) 760,279÷233＝
(20) 5,280,160÷976＝
(21) 4,609,488÷534＝
(22) 2,585,264÷397＝
(23) 935,078÷262＝
(24) 5,678,700÷575＝
(25) 770,427÷147＝
(26) 3,546,816÷609＝
(27) 1,670,692÷311＝
(28) 898,204÷862＝

合计＿＿＿＿

总计＿＿＿＿

除法练习题十三

分号	5-13
总号	171

班级＿＿＿＿＿
姓名＿＿＿＿＿
学号＿＿＿＿＿

（要求精确到 0.0001，以下四舍五入）

甲题：

(1) 49.48224÷0.758＝
(2) 0.68623÷3.26＝
(3) 0.0880464÷0.0408＝
(4) 54,994.94÷57.4＝
(5) 1.633153÷0.653＝
(6) 0.2246064÷8.76＝
(7) 2.982336÷0.0317＝
(8) 1,733.985÷46.5＝
(9) 0.593632÷2.08＝
(10) 1,490.385÷0.195＝
(11) 11,457.05÷40.7＝
(12) 0.0577808÷0.0268＝
(13) 0.0743535÷3.69＝
(14) 348.7214÷0.989＝
(15) 17.2211÷8.45＝
(16) 2,162.446÷28.6＝
(17) 1.676856÷0.0327＝
(18) 0.0484352÷0.172＝
(19) 1,850.602÷65.3＝
(20) 9.742836÷9.78＝
(21) 13.05418÷0.239＝
(22) 0.2967392÷7.52＝
(23) 151.3924÷46.1＝
(24) 0.680086÷0.0209＝
(25) 679.8238÷8.99＝
(26) 3.724444÷0.514＝
(27) 5,170.242÷6.27＝
(28) 0.934092÷0.0108＝

合计＿＿＿＿＿

乙题：

(1) 3.800608÷0.0893＝
(2) 2.20539÷2.46＝
(3) 0.0778302÷0.378＝
(4) 80,481.62÷9.74＝
(5) 339.3444÷35.4＝
(6) 32.10336÷0.639＝
(7) 2.723952÷8.47＝
(8) 0.0719628÷0.0182＝
(9) 2.585264÷79.4＝
(10) 2.211425÷0.265＝
(11) 2.652804÷4.06＝
(12) 110.0355÷0.673＝
(13) 72.0318÷2.71＝
(14) 4,235.729÷85.9＝
(15) 1.360173÷0.0393＝
(16) 137.9066÷7.54＝
(17) 2.359448÷92.6＝
(18) 26.32428÷0.498＝
(19) 59.8737÷3.27＝
(20) 2.25266÷0.0815＝
(21) 26,403.87÷9.93＝
(22) 7.02696÷27.6＝
(23) 0.675513÷0.127＝
(24) 0.889288÷3.56＝
(25) 1.841454÷84.2＝
(26) 0.1699092÷0.0654＝
(27) 99.6736÷1.04＝
(28) 17.05504÷95.6＝

合计＿＿＿＿＿

总计＿＿＿＿＿

分号 5-14	除法练习题十四	班级＿＿＿
总号 172		姓名＿＿＿
		学号＿＿＿

甲题：

(1) 1,671,208÷308＝

(2) 6,763,295÷4,235＝

(3) 1,391,481÷273＝

(4) 6,509,568÷2,608＝

(5) 560,428÷542＝

(6) 41,970,212÷9,836＝

(7) 6,741,680÷752＝

(8) 27,314,343÷8,407＝

(9) 5,982,410÷842＝

(10) 14,075,424÷5,924＝

(11) 904,419÷369＝

(12) 30,389,988÷4,038＝

(13) 72,325,064÷964＝

(14) 22,107,906÷7,239＝

(15) 2,842,620÷876＝

(16) 21,056,784÷3,248＝

(17) 1,515,744÷608＝

(18) 22,242,752÷5,306＝

(19) 1,184,064÷448＝

(20) 19,115,344÷2,267＝

(21) 1,035,045÷297＝

(22) 67,965,460÷8,324＝

(23) 594,948÷172＝

(24) 39,841,590÷4,035＝

(25) 2,854,644÷754＝

(26) 31,433,974÷9,229＝

(27) 2,552,186÷518＝

(28) 19,976,416÷6,274＝

合计＿＿＿＿

乙题：

(1) 21,287,268÷9,837＝

(2) 4,151,620÷835＝

(3) 50,161,848÷6,024＝

(4) 4,314,618÷726＝

(5) 11,776,415÷4,739＝

(6) 1,986,127÷817＝

(7) 42,777,158÷5,906＝

(8) 2,416,766÷407＝

(9) 9,117,548÷1,738＝

(10) 8,384,600÷265＝

(11) 18,306,783÷3,489＝

(12) 4,174,044÷714＝

(13) 29,903,212÷5,041＝

(14) 538,904÷328＝

(15) 24,669,216÷2,574＝

(16) 2,220,830÷674＝

(17) 46,221,334÷9,923＝

(18) 2,374,281÷507＝

(19) 33,444,342÷8,026＝

(20) 3,126,046÷371＝

(21) 11,822,445÷4,957＝

(22) 3,060,928÷676＝

(23) 37,677,915÷8,129＝

(24) 7,085,232÷994＝

(25) 16,819,534÷2.738＝

(26) 2,642,250÷542＝

(27) 42,237,052÷7,204＝

(28) 2,156,415÷617＝

合计＿＿＿＿

总计＿＿＿＿

珠算习题集

除法练习题十五

分号 5-15
总号 173

甲题：

(1) 5,125,299÷593＝

(2) 9,203,528÷8,732＝

(3) 9,836,964÷2,619＝

(4) 3,353,562÷978＝

(5) 2,745,951÷389＝

(6) 44,980,716÷4,574＝

(7) 2,388,519÷279＝

(8) 61,949,524÷8,302＝

(9) 2,111,667÷409＝

(10) 6,543,936÷1,008＝

(11) 8,541,696÷996＝

(12) 32,423,086÷3,782＝

(13) 4,439,152÷536＝

(14) 43,667,355÷4,703＝

(15) 3,130,218÷686＝

(16) 23,738,792÷7,832＝

(17) 1,915,420÷695＝

(18) 62,706,075÷9,993＝

(19) 978,696÷276＝

(20) 5,568,512÷5,438＝

(21) 12,177,000÷2,952＝

(22) 5,241,108÷876＝

(23) 4,430,787÷537＝

(24) 55,061,328÷6,364＝

(25) 20,913,588÷5,989＝

(26) 1,669,112÷316＝

(27) 17,368,050÷7,089＝

(28) 8,663,098÷1,037＝

合计＿＿＿＿＿

乙题：

(1) 24,229,263÷2,531＝

(2) 4,603,354÷878＝

(3) 24,178,996÷9,797＝

(4) 54,025,932÷6,324＝

(5) 625,522÷107＝

(6) 12,102,830÷2,323＝

(7) 4,877,376÷573＝

(8) 41,853,206÷4,843＝

(9) 6,682,940÷2,035＝

(10) 4,275,888÷778＝

(11) 46,025,664÷5,736＝

(12) 50,127,078÷6,009＝

(13) 49,918,358÷8,134＝

(14) 1,078,770÷165＝

(15) 3,458,112÷992＝

(16) 2,347,936÷614＝

(17) 31,899,816÷8,996＝

(18) 20,356,182÷5,411＝

(19) 37,606,124÷9,991＝

(20) 4,163,616÷1,098＝

(21) 4,524,156÷546＝

(22) 2,162,994÷899＝

(23) 35,041,316÷6,506＝

(24) 1,798,524÷732＝

(25) 3,733,876÷1,004＝

(26) 13,475,810÷4,735＝

(27) 2,761,236÷999＝

(28) 17,596,096÷3,038＝

合计＿＿＿＿＿

总计＿＿＿＿＿

分号	5-16
总号	174

除法练习题十六

班级_____
姓名_____
学号_____

甲题：

(1) 225,148÷2,408＝
(2) 1,194,562÷9,406＝
(3) 39,483÷1,605＝
(4) 85,904÷2,065＝
(5) 5,475,611÷8,017＝
(6) 634,767÷7,602＝
(7) 22,272,616÷5,708＝
(8) 21,176,594÷3,502＝
(9) 37,682,652÷5,019＝
(10) 12,151,914÷1,506＝
(11) 24,154,247÷6,019＝
(12) 23,648,097÷2,607＝
(13) 51,834,789÷6,021＝
(14) 32,487,974÷4,603＝
(15) 8,114,400÷2,016＝
(16) 30,284,672÷6,028＝
(17) 68,217,432÷7,032＝
(18) 15,243,972÷3,027＝
(19) 46,025,576÷5,704＝
(20) 24,417,786÷4,038＝
(21) 42,902,815÷7,109＝
(22) 29,315,448÷3,708＝
(23) 14,493,486÷8,043＝
(24) 61,710,013÷6,803＝
(25) 9,680,517÷4,809＝
(26) 15,111,046÷4,903＝
(27) 29,852,872÷7,096＝
(28) 19,177,636÷2,017＝

合计_____

乙题：

(1) 28,601,856÷4,608＝
(2) 8,067,526÷5,014＝
(3) 35,789,830÷9,406＝
(4) 39,748,621÷8,107＝
(5) 28,481,368÷3,028＝
(6) 41,706,756÷5,707＝
(7) 46,196,536÷9,208＝
(8) 24,589,276÷4,063＝
(9) 10,239,232÷6,808＝
(10) 12,672,363÷1,507＝
(11) 4,036,956÷1,309＝
(12) 14,211,741÷2,019＝
(13) 9,860,760÷4,095＝
(14) 20,978,969÷8,041＝
(15) 5,624,927÷1,603＝
(16) 4,288,708÷6,085＝
(17) 5,151,120÷2,704＝
(18) 1,289,596÷4,081＝
(19) 40,818,960÷5,607＝
(20) 2,751,782÷3,014＝
(21) 54,064,890÷9,603＝
(22) 2,017,398÷8,102＝
(23) 8,903,501÷2,903＝
(24) 27,554,902÷4,051＝
(25) 24,613,518÷9,106＝
(26) 29,793,179÷6,079＝
(27) 43,820,172÷5,093＝
(28) 6,439,249÷1,607＝

合计_____

总计_____

除法练习题十七

甲题：

(1) 47,204,025÷4,785＝
(2) 26,932,004÷3,124＝
(3) 5,774,336÷5,639＝
(4) 28,917,944÷8,206＝
(5) 61,729,604÷7,517＝
(6) 31,934,982÷9,057＝
(7) 35,257,308÷3,678＝
(8) 15,123,221÷5,947＝
(9) 22,368,005÷8,653＝
(10) 55,688,864÷6,524＝
(11) 43,677,578÷7,966＝
(12) 44,463,168÷5,832＝
(13) 17,964,030÷2,751＝
(14) 18,794,336÷7,984＝
(15) 83,694,660÷8,484＝
(16) 32,067,234÷9,879＝
(17) 22,435,506÷5,766＝
(18) 7,500,678÷2,087＝
(19) 36,988,162÷3,754＝
(20) 7,457,238÷2,103＝
(21) 49,288,041÷8,679＝
(22) 39,207,967÷5,639＝
(23) 28,168,711÷7,853＝
(24) 31,521,280÷8,795＝
(25) 7,932,540÷2,244＝
(26) 56,944,608÷5,873＝
(27) 17,247,470÷6,785＝
(28) 31,909,956÷3,692＝

合计_____

乙题：

(1) 55,868,848÷5,768＝
(2) 14,292,938÷2,089＝
(3) 6,743,088÷1,032＝
(4) 33,204,622÷4,873＝
(5) 21,153,552÷6,594＝
(6) 72,898,770÷7,365＝
(7) 22,123,619÷2,933＝
(8) 15,735,648÷1,824＝
(9) 81,198,871÷9,763＝
(10) 30,231,924÷8,574＝
(11) 22,247,652÷2,324＝
(12) 53,596,489÷7,753＝
(13) 89,553,429÷9,987＝
(14) 29,629,424÷3,476＝
(15) 17,470,101÷2,057＝
(16) 48,991,228÷5,863＝
(17) 33,201,294÷8,751＝
(18) 54,415,536÷6,843＝
(19) 46,043,544÷9,132＝
(20) 21,277,532÷2,813＝
(21) 86,738,289÷8,181＝
(22) 17,777,554÷2,341＝
(23) 18,892,692÷5,767＝
(24) 30,660,312÷3,986＝
(25) 13,517,819÷1,579＝
(26) 42,014,240÷4,832＝
(27) 10,240,078÷2,657＝
(28) 30,142,228÷9,572＝

合计_____

总计_____

分号	5-18
总号	176

除法练习题十八

班级_____
姓名_____
学号_____

甲题：

（1） 24,455,389÷3,269＝
（2） 24,871,496÷5,048＝
（3） 60,244,554÷6,367＝
（4） 55,435,527÷8,543＝
（5） 45,715,446÷9,762＝
（6） 86,678,760÷5,431＝
（7） 21,735,021÷7,629＝
（8） 7,913,948÷2,506＝
（9） 13,454,208÷4,896＝
（10） 29,969,168÷3,127＝
（11） 17,380,224÷5,029＝
（12） 8,869,172÷4,318＝
（13） 47,861,051÷8,407＝
（14） 12,905,364÷1,983＝
（15） 33,192,808÷6,424＝
（16） 10,841,376÷3,796＝
（17） 64,409,844÷8,564＝
（18） 38,259,078÷7,293＝
（19） 63,350,784÷6,874＝
（20） 14,194,320÷2,352＝
（21） 11,894,575÷4,175＝
（22） 75,120,908÷9,934＝
（23） 25,901,345÷6,073＝
（24） 6,036,376÷5,738＝
（25） 23,090,574÷4,209＝
（26） 8,800,256÷1,024＝
（27） 38,738,955÷7,815＝
（28） 8,110,408÷2,647＝

合计_____

乙题：

（1） 60,452,816÷8,024＝
（2） 6,274,617÷1,007＝
（3） 13,486,594÷2,453＝
（4） 67,092,666÷6,718＝
（5） 27,099,765÷4,345＝
（6） 20,265,630÷3,962＝
（7） 25,231,776÷5,196＝
（8） 23,635,810÷9,994＝
（9） 51,583,982÷8,903＝
（10） 63,441,434÷7,427＝
（11） 26,206,713÷5,319＝
（12） 7,777,108÷4,702＝
（13） 39,581,744÷8,312＝
（14） 59,353,902÷6,257＝
（15） 5,056,512÷2,048＝
（16） 15,486,492÷7,364＝
（17） 71,028,034÷9,394＝
（18） 26,567,305÷8,137＝
（19） 13,170,003÷2,409＝
（20） 13,940,832÷1,824＝
（21） 52,940,862÷9,087＝
（22） 30,729,296÷3,764＝
（23） 49,700,466÷5,427＝
（24） 17,760,951÷3,939＝
（25） 52,482,268÷8,524＝
（26） 20,845,000÷6,875＝
（27） 68,666,906÷7,238＝
（28） 22,827,324÷4,316＝

合计_____

总计_____

| 分号 5-19 |
| 总号 177 |

除法练习题十九

班级＿＿＿＿＿
姓名＿＿＿＿＿
学号＿＿＿＿＿

甲题：

(1) 16,070,236÷2,548＝
(2) 48,148,766÷9,362＝
(3) 22,739,392÷4,706＝
(4) 49,091,982÷8,273＝
(5) 6,965,550÷1,725＝
(6) 19,666,860÷6,495＝
(7) 11,301,744÷4,083＝
(8) 31,669,586÷7,267＝
(9) 41,138,158÷5,398＝
(10) 22,021,623÷4,329＝
(11) 32,047,620÷9,876＝
(12) 27,363,116÷3,124＝
(13) 11,967,756÷5,097＝
(14) 18,204,492÷6,683＝
(15) 33,655,696÷4,306＝
(16) 63,526,320÷6,435＝
(17) 39,964,962÷7,269＝
(18) 85,608,564÷8,572＝
(19) 15,322,978÷4,273＝
(20) 16,589,358÷5,067＝
(21) 23,267,808÷8,406＝
(22) 31,800,908÷9,994＝
(23) 34,919,502÷7,529＝
(24) 34,542,992÷3,608＝
(25) 44,375,474÷9,127＝
(26) 7,681,215÷1,005＝
(27) 8,645,502÷8,329＝
(28) 36,780,777÷5,841＝

乙题：

(1) 57,453,492÷6,726＝
(2) 23,227,326÷3,114＝
(3) 68,266,048÷8,926＝
(4) 6,148,846÷3,047＝
(5) 25,280,768÷5,809＝
(6) 20,887,204÷2,626＝
(7) 36,113,064÷7,358＝
(8) 36,447,531÷4,217＝
(9) 65,476,586÷6,839＝
(10) 39,712,894÷5,426＝
(11) 17,521,220÷7,108＝
(12) 40,524,250÷4,625＝
(13) 56,811,337÷9,713＝
(14) 54,072,176÷8,572＝
(15) 23,146,048÷4,024＝
(16) 28,560,136÷6,358＝
(17) 7,019,376÷4,368＝
(18) 49,489,578÷5,722＝
(19) 16,672,803÷4,809＝
(20) 19,539,927÷3,267＝
(21) 2,703,168÷1,083＝
(22) 25,001,262÷2,574＝
(23) 74,763,284÷9,934＝
(24) 7,169,624÷5,768＝
(25) 11,274,264÷4,392＝
(26) 8,946,551÷2,579＝
(27) 33,286,992÷6,896＝
(28) 37,172,108÷3,754＝

合计＿＿＿＿＿＿＿＿＿＿＿＿＿＿＿＿＿＿＿＿合计＿＿＿＿＿＿

总计＿＿＿＿＿

除法练习题二十

（要求精确到 0.0001，以下四舍五入）

甲题：

(1) 3,183.4044÷75.24=
(2) 35.976772÷0.8762=
(3) 2,945.7097÷3.457=
(4) 10,103.968÷963.2=
(5) 17.795982÷67.18=
(6) 2.4711476÷0.9706=
(7) 21,033.034÷2.651=
(8) 1,935,187.80÷740.6=
(9) 1,677.9168÷83.23=
(10) 57,120.38÷6.724=
(11) 387.6563÷0.2657=
(12) 1,549.7196÷47.19=
(13) 20,613.336÷8.027=
(14) 0.3772608÷2.406=
(15) 240.61675÷32.45=
(16) 371.57141÷7.087=
(17) 1,001.3442÷0.4638=
(18) 549,121.85÷57.23=
(19) 1.5592662÷0.6638=
(20) 1,870.0959÷4.503=
(21) 85,552.85÷17.35=
(22) 17.160858÷0.8437=
(23) 0.6158244÷2.659=
(24) 3,477.5784÷36.87=
(25) 0.04663128÷0.1986=
(26) 993.4155÷20.13=
(27) 230.85624÷6.472=
(28) 1.4035716÷0.9067=

合计_____

乙题：

(1) 24.151558÷0.4034=
(2) 17.558464÷81.44=
(3) 6,006.2928÷6.267=
(4) 52.709703÷0.5843=
(5) 4.9727208÷9.624=
(6) 328,322.08÷75.86=
(7) 29.773952÷0.3712=
(8) 15,105.405÷8.205=
(9) 93,854.60÷43.96=
(10) 1,370.7126÷0.2637=
(11) 410.36372÷5.603=
(12) 793.2757÷8.345=
(13) 228,108.78÷77.43=
(14) 0.0315561÷1.465=
(15) 1,498.8433÷0.8927=
(16) 29.778489÷5.031=
(17) 272.29384÷46.34=
(18) 158.6512÷732.8=
(19) 1,724.0355÷0.3603=
(20) 342.46296÷9.996=
(21) 40.23781÷47.15=
(22) 124.72325÷2.507=
(23) 5,623.632÷1.008=
(24) 22,229.76÷53.76=
(25) 12.35816÷0.4315=
(26) 22.378114÷89.62=
(27) 428.56831÷0.7243=
(28) 12.593328÷53.98=

合计_____

总计_____

除法练习题二十一

（要求精确到 0.0001，以下四舍五入）

甲题：
(1) 6.9776547÷8.467＝
(2) 16,735.488÷59.43＝
(3) 25.108284÷0.6218＝
(4) 9.747465÷33.67＝
(5) 72.08592÷5.703＝
(6) 33.871977÷0.8059＝
(7) 19,982.592÷2.478＝
(8) 700.51212÷93.24＝
(9) 823.0812÷10.84＝
(10) 36.117966÷0.5043＝
(11) 0.14855476÷0.04187＝
(12) 18.421504÷2.536＝
(13) 20,852.744÷72.08＝
(14) 1.4724974÷9.427＝
(15) 109.41464÷0.5374＝
(16) 601.96745÷8.245＝
(17) 2,515.4484÷35.26＝
(18) 423.78912÷7.178＝
(19) 13.410672÷0.4618＝
(20) 11.582274÷37.29＝
(21) 14,074.632÷514.8＝
(22) 17.204502÷0.2163＝
(23) 3,230.07÷10.05＝
(24) 215.18816÷4.328＝
(25) 254.77452÷99.99＝
(26) 1,230.6229÷0.2809＝
(27) 47.884403÷5.327＝
(28) 22.557836÷64.84＝

合计_____

乙题：
(1) 592.0684÷57.26＝
(2) 8.402984÷0.3844＝
(3) 15.411981÷6.207＝
(4) 64.437344÷0.8432＝
(5) 0.7325086÷0.01357＝
(6) 279.02798÷97.46＝
(7) 6,416.5108÷8.519＝
(8) 384.57568÷73.73＝
(9) 36.74606÷0.1789＝
(10) 3.0803244÷6.238＝
(11) 6,857.6284÷95.06＝
(12) 2.4669824÷0.4736＝
(13) 426.06603÷8.307＝
(14) 18.74247÷26.45＝
(15) 0.17450721÷7.429＝
(16) 26.671194÷0.2673＝
(17) 175.63671÷85.97＝
(18) 142.43529÷2.463＝
(19) 60,313.364÷801.4＝
(20) 207.2462÷6.265＝
(21) 0.815204÷0.3965＝
(22) 425.4952÷42.38＝
(23) 233.57185÷993.5＝
(24) 309.08812÷5.786＝
(25) 15.886059÷0.2143＝
(26) 7,723.10÷96.25＝
(27) 0.16458418÷5.783＝
(28) 25.874582÷0.6037＝

合计_____

总计_____

除法练习题二十二

（要求精确到 0.0001，以下四舍五入）

甲题：

(1) 6,789÷7,532=
(2) 1,405÷3,989=
(3) 7,514÷2,634=
(4) 5,871÷6,425=
(5) 8,157÷9,062=
(6) 4,038÷1,897=
(7) 2,963÷5,344=
(8) 9,761÷5,832=
(9) 7,615÷8,743=
(10) 5,326÷6,036=
(11) 2,459÷8,705=
(12) 4,132÷9,587=
(13) 1,514÷2,538=
(14) 5,447÷3,816=
(15) 8,752÷5,649=
(16) 3,948÷3,577=
(17) 7,631÷7,842=
(18) 5,809÷6,599=
(19) 2,478÷5,983=
(20) 1,234÷9,875=
(21) 4,906÷1,036=
(22) 8,574÷9,967=
(23) 5,037÷2,409=
(24) 8,722÷5,643=
(25) 3,624÷7,962=
(26) 4,136÷8,714=
(27) 5,962÷3,755=
(28) 2,604÷9,012=

乙题：

(1) 5,402÷5,312=
(2) 2,616÷3,784=
(3) 6,233÷2,576=
(4) 4,087÷3,857=
(5) 9,636÷8,593=
(6) 8,573÷8,984=
(7) 7,405÷2,732=
(8) 5,623÷8,534=
(9) 8,814÷2,965=
(10) 1,926÷1,932=
(11) 7,619÷8,529=
(12) 8,324÷9,057=
(13) 4,036÷2,737=
(14) 5,784÷3,259=
(15) 8,533÷1,212=
(16) 3,765÷2,653=
(17) 7,954÷8,752=
(18) 2,543÷9,632=
(19) 1,952÷8,766=
(20) 5,431÷9,994=
(21) 8,726÷1,002=
(22) 3,519÷2,784=
(23) 7,452÷4,832=
(24) 5,218÷5,394=
(25) 2,753÷3,659=
(26) 5,789÷6,795=
(27) 6,813÷8,423=
(28) 8,304÷7,524=

合计_____   合计_____

总计_____

除法练习题二十三

（要求精确到 0.0001，以下四舍五入）

甲题：
(1) 8,762÷3,547＝
(2) 2,857÷8,231＝
(3) 4,109÷9,542＝
(4) 7,264÷3,958＝
(5) 2,617÷5,832＝
(6) 6,429÷7,518＝
(7) 4,096÷8,367＝
(8) 1,458÷9,315＝
(9) 2,367÷5,267＝
(10) 9,547÷9,832＝
(11) 6,316÷2,753＝
(12) 4,183÷8,264＝
(13) 5,647÷6,531＝
(14) 7,326÷4,285＝
(15) 1,427÷6,307＝
(16) 4,623÷8,439＝
(17) 6,214÷5,048＝
(18) 3,726÷6,517＝
(19) 2,457÷9,998＝
(20) 4,832÷4,716＝
(21) 5,248÷3,167＝
(22) 8,529÷9,745＝
(23) 3,124÷6,576＝
(24) 2,935÷5,732＝
(25) 8,766÷9,724＝
(26) 1,329÷8,715＝
(27) 4,963÷1,008＝
(28) 3,754÷7,329＝

乙题：
(1) 1,964÷6,533＝
(2) 4,572÷7,695＝
(3) 8,723÷4,312＝
(4) 3,598÷5,463＝
(5) 9,729÷3,654＝
(6) 7,261÷8,915＝
(7) 2,576÷1,034＝
(8) 6,258÷2,753＝
(9) 8,143÷9,899＝
(10) 4,054÷5,637＝
(11) 6,429÷8,732＝
(12) 1,648÷7,678＝
(13) 8,529÷2,647＝
(14) 5,918÷9,703＝
(15) 6,307÷7,048＝
(16) 3,249÷5,362＝
(17) 4,587÷6,541＝
(18) 2,168÷3,764＝
(19) 5,329÷9,853＝
(20) 7,285÷7,396＝
(21) 8,712÷6,725＝
(22) 4,104÷1,063＝
(23) 2,637÷9,993＝
(24) 8,765÷2,934＝
(25) 6,257÷7,526＝
(26) 3,416÷5,432＝
(27) 2,967÷7,108＝
(28) 7,563÷8,785＝

合计_____

合计_____

总计_____

除法练习题二十四

（要求精确到 0.0001，以下四舍五入）

甲题：

(1) 4,078÷8,536=
(2) 7,259÷9,645=
(3) 8,702÷3,981=
(4) 2,167÷5,084=
(5) 9,616÷4,729=
(6) 8,364÷9,995=
(7) 7,389÷8,265=
(8) 2,407÷3,796=
(9) 5,048÷7,369=
(10) 3,726÷6,547=
(11) 8,724÷9,665=
(12) 2,403÷5,849=
(13) 3,275÷6,307=
(14) 7,417÷8,384=
(15) 2,446÷5,974=
(16) 3,701÷4,208=
(17) 6,024÷8,976=
(18) 1,035÷9,298=
(19) 3,611÷5,374=
(20) 5,864÷2,645=
(21) 2,768÷3,759=
(22) 4,326÷9,993=
(23) 8,417÷2,507=
(24) 3,126÷6,874=
(25) 1,957÷3,496=
(26) 8,036÷9,507=
(27) 4,218÷5,729=
(28) 9,085÷7,602=

合计_____

乙题：

(1) 2,384÷5,046=
(2) 7,268÷8,989=
(3) 6,033÷7,547=
(4) 1,969÷2,683=
(5) 5,476÷9,875=
(6) 4,397÷5,842=
(7) 7,265÷3,654=
(8) 8,713÷2,965=
(9) 2,087÷4,964=
(10) 3,546÷1,187=
(11) 4,679÷5,431=
(12) 8,316÷8,457=
(13) 8,662÷7,806=
(14) 5,729÷6,037=
(15) 4,208÷3,654=
(16) 2,485÷9,363=
(17) 5,709÷8,206=
(18) 9,427÷1,007=
(19) 6,831÷4,258=
(20) 7,942÷6,524=
(21) 8,026÷3,798=
(22) 5,142÷7,859=
(23) 3,215÷4,962=
(24) 8,314÷9,126=
(25) 5,736÷5,648=
(26) 2,014÷6,759=
(27) 6,183÷7,842=
(28) 3,609÷4,577=

合计_____

总计_____

分 号	5-25
总 号	183

除法练习题二十五

班级＿＿＿＿
姓名＿＿＿＿
学号＿＿＿＿

（要求精确到 0.0001，以下四舍五入）

甲题：

(1) 4,328÷3,702＝
(2) 6,819÷7,426＝
(3) 5,087÷6,319＝
(4) 7,418÷5,067＝
(5) 8,967÷2,975＝
(6) 2,176÷1,483＝
(7) 6,754÷9,785＝
(8) 2,407÷5,488＝
(9) 1,532÷4,309＝
(10) 8,625÷8,756＝
(11) 2,486÷6,391＝
(12) 5,639÷7,085＝
(13) 3,764÷4,829＝
(14) 4,837÷1,002＝
(15) 8,634÷5,997＝
(16) 6,107÷4,496＝
(17) 2,438÷8,726＝
(18) 9,824÷6,512＝
(19) 7,096÷4,728＝
(20) 6,375÷8,942＝
(21) 2,755÷9,993＝
(22) 4,206÷5,036＝
(23) 7,198÷2,857＝
(24) 6,234÷7,567＝
(25) 3,387÷4,825＝
(26) 5,714÷6,207＝
(27) 8,106÷7,489＝
(28) 2,954÷3,455＝

乙题：

(1) 1,873÷6,453＝
(2) 8,716÷9,989＝
(3) 5,324÷7,034＝
(4) 6,157÷4,268＝
(5) 3,075÷5,433＝
(6) 2,619÷2,624＝
(7) 5,837÷8,764＝
(8) 4,226÷1,053＝
(9) 2,083÷6,841＝
(10) 5,411÷8,306＝
(11) 7,924÷5,843＝
(12) 1,036÷4,725＝
(13) 6,427÷8,953＝
(14) 7,204÷9,761＝
(15) 3,259÷4,687＝
(16) 1,934÷8,574＝
(17) 2,645÷5,523＝
(18) 6,084÷7,915＝
(19) 9,872÷9,926＝
(20) 1,409÷2,687＝
(21) 5,843÷8,426＝
(22) 9,075÷4,732＝
(23) 7,478÷6,527＝
(24) 8,319÷4,265＝
(25) 5,439÷6,781＝
(26) 3,012÷5,973＝
(27) 2,648÷3,924＝
(28) 8,326÷2,057＝

合计＿＿＿＿＿＿　　　　　　　　合计＿＿＿＿＿＿

总计＿＿＿＿＿＿

分号 5-26
总号 184

除法练习题二十六

班级＿＿＿＿
姓名＿＿＿＿
学号＿＿＿＿

（要求精确到0.01，以下四舍五入）

甲题：

（1） 36,785,467÷2,754＝
（2） 57,832,243÷8,536＝
（3） 29,574,195÷3,643＝
（4） 18,057,246÷4,126＝
（5） 31,941,508÷1,427＝
（6） 87,503,266÷8,799＝
（7） 57,698,123÷2,536＝
（8） 46,532,438÷3,759＝
（9） 24,387,579÷1,025＝
（10） 26,398,443÷7,854＝
（11） 47,503,542÷8,769＝
（12） 58,629,834÷6,133＝
（13） 89,710,542÷8,854＝
（14） 13,246,776÷2,431＝
（15） 26,578,036÷9,989＝
（16） 57,886,344÷7,879＝
（17） 65,321,056÷2,736＝
（18） 52,213,874÷3,579＝
（19） 48,476,532÷2,678＝
（20） 37,512,663÷1,894＝
（21） 22,575,076÷5,832＝
（22） 67,964,531÷9,873＝
（23） 66,535,274÷6,714＝
（24） 85,367,024÷2,423＝
（25） 67,589,441÷8,752＝
（26） 38,967,415÷2,936＝
（27） 17,598,162÷1,136＝
（28） 98,754,231÷8,573＝

合计＿＿＿＿

乙题：

（1） 86,737,576÷3,804＝
（2） 27,625,382÷1,753＝
（3） 44,553,214÷8,779＝
（4） 26,329,528÷3,654＝
（5） 37,876,639÷5,761＝
（6） 96,978,365÷1,008＝
（7） 29,875,343÷8,129＝
（8） 14,296,536÷9,993＝
（9） 57,815,427÷3,806＝
（10） 75,928,316÷1,579＝
（11） 26,579,189÷3,553＝
（12） 92,687,204÷3,987＝
（13） 28,276,543÷1,598＝
（14） 47,534,231÷8,532＝
（15） 65,241,083÷7,522＝
（16） 52,430,876÷6,419＝
（17） 38,765,263÷2,837＝
（18） 59,614,136÷1,919＝
（19） 61,057,083÷2,678＝
（20） 22,532,674÷3,102＝
（21） 62,176,816÷5,431＝
（22） 79,263,287÷3,033＝
（23） 47,861,132÷9,875＝
（24） 67,583,249÷3,131＝
（25） 52,610,437÷2,798＝
（26） 31,057,186÷5,566＝
（27） 97,836,273÷9,879＝
（28） 54,210,364÷1,039＝

合计＿＿＿＿

总计＿＿＿＿

分号	5-27
总号	185

除法练习题二十七

班级＿＿＿＿＿＿
姓名＿＿＿＿＿＿
学号＿＿＿＿＿＿

（要求精确到 0.01，以下四舍五入）

甲题：

(1) 24,576,468÷3,854＝
(2) 47,265,232÷8,715＝
(3) 96,102,387÷2,523＝
(4) 61,687,146÷7,208＝
(5) 34,578,047÷5,329＝
(6) 87,235,478÷2,626＝
(7) 54,267,583÷6,759＝
(8) 19,873,276÷1,007＝
(9) 47,260,483÷5,732＝
(10) 63,542,894÷2,754＝
(11) 93,875,467÷6,429＝
(12) 78,531,245÷8,576＝
(13) 64,078,369÷3,508＝
(14) 42,653,187÷7,652＝
(15) 51,680,716÷9,994＝
(16) 26,804,249÷2,783＝
(17) 62,457,168÷4,235＝
(18) 76,238,912÷5,047＝
(19) 95,068,329÷6,745＝
(20) 64,175,613÷2,587＝
(21) 32,643,976÷5,468＝
(22) 69,257,007÷8,319＝
(23) 47,168,326÷2,417＝
(24) 58,306,407÷1,003＝
(25) 61,240,578÷7,631＝
(26) 42,068,754÷6,925＝
(27) 70,863,276÷5,843＝
(28) 1,495,428÷9,678＝

合计＿＿＿＿＿＿

乙题：

(1) 92,857,631÷8,734＝
(2) 50,276,478÷9,923＝
(3) 41,483,295÷3,762＝
(4) 67,894,532÷7,506＝
(5) 26,142,819÷4,897＝
(6) 57,348,652÷9,547＝
(7) 30,248,703÷8,319＝
(8) 47,165,234÷5,032＝
(9) 68,407,396÷4,728＝
(10) 57,380,419÷6,387＝
(11) 44,672,534÷7,892＝
(12) 16,753,298÷3,486＝
(13) 85,620,739÷2,945＝
(14) 37,468,576÷8,425＝
(15) 24,053,938÷5,708＝
(16) 43,262,553÷2,978＝
(17) 98,643,074÷5,867＝
(18) 31,329,265÷4,729＝
(19) 68,472,593÷2,645＝
(20) 57,683,292÷9,872＝
(21) 43,157,483÷1,724＝
(22) 23,840,718÷6,398＝
(23) 50,204,879÷9,054＝
(24) 73,165,287÷2,596＝
(25) 62,836,438÷7,083＝
(26) 41,654,267÷1,039＝
(27) 82,404,358÷6,871＝
(28) 27,234,589÷9,167＝

合计＿＿＿＿＿＿

总计＿＿＿＿＿＿

除法练习题二十八

（要求精确到 0.0001，以下四舍五入）

甲题：

(1) 37.62÷83.54=
(2) 0.7836÷0.5729=
(3) 4.623÷6.857=
(4) 24.88÷31.45=
(5) 0.9206÷0.8739=
(6) 6.425÷32.48=
(7) 57.62÷395.4=
(8) 0.08953÷0.2643=
(9) 7.368÷62.59=
(10) 80.39÷573.2=
(11) 0.2764÷0.8354=
(12) 18.76÷9.976=
(13) 362.5÷485.4=
(14) 2.703÷6.174=
(15) 0.5387÷0.6419=
(16) 7.153÷24.08=
(17) 56.25÷98.43=
(18) 0.4794÷0.8357=
(19) 46.33÷257.2=
(20) 9.763÷85.14=
(21) 5.304÷6.083=
(22) 0.7295÷0.9327=
(23) 84.32÷503.4=
(24) 2.718÷9.503=
(25) 64.34÷8.529=
(26) 50.73÷64.26=
(27) 3.549÷4.857=
(28) 0.6438÷0.2547=

合计_____

乙题：

(1) 0.8906÷7.234=
(2) 54.67÷89.59=
(3) 3.326÷6.084=
(4) 95.31÷298.3=
(5) 7.573÷23.45=
(6) 0.3289÷1.205=
(7) 5.781÷6.503=
(8) 24.88÷137.6=
(9) 8.727÷35.49=
(10) 0.4087÷2.675=
(11) 3.609÷18.53=
(12) 84.57÷831.2=
(13) 5.429÷6.807=
(14) 27.66÷45.32=
(15) 0.6425÷2.845=
(16) 76.29÷80.33=
(17) 932.6÷572.4=
(18) 41.32÷157.6=
(19) 9.087÷20.95=
(20) 58.34÷67.02=
(21) 0.1453÷12.98=
(22) 47.26÷59.47=
(23) 3.123÷9.878=
(24) 52.32÷65.49=
(25) 0.8304÷0.8788=
(26) 13.26÷54.96=
(27) 283.4÷92.06=
(28) 3.507÷26.83=

合计_____

总计_____

除法练习题二十九

分号 5-29
总号 187

（要求精确到 0.0001，以下四舍五入）

甲题：

(1) 0.9325÷8.427=

(2) 57.23÷67.32=

(3) 4.084÷5.637=

(4) 0.7509÷0.9326=

(5) 26.43÷27.85=

(6) 0.3245÷0.6873=

(7) 49.25÷83.67=

(8) 5.752÷6.738=

(9) 0.2459÷0.3107=

(10) 167.8÷53.26=

(11) 7.406÷8.027=

(12) 60.37÷253.8=

(13) 2.448÷5.534=

(14) 132.6÷870.3=

(15) 6.404÷50.39=

(16) 0.8795÷7.265=

(17) 3.046÷21.83=

(18) 97.54÷89.62=

(19) 295.3÷572.4=

(20) 0.2167÷0.3895=

(21) 43.21÷69.87=

(22) 5.413÷28.52=

(23) 0.7426÷5.703=

(24) 89.89÷363.6=

(25) 5.479÷6.084=

(26) 67.25÷84.37=

(27) 0.7386÷0.8767=

(28) 95.43÷267.8=

合计_____

乙题：

(1) 25.41÷34.09=

(2) 0.6798÷5.623=

(3) 9.572÷29.88=

(4) 34.17÷68.24=

(5) 7.232÷65.97=

(6) 243.7÷841.6=

(7) 90.23÷780.5=

(8) 1.425÷9.285=

(9) 76.99÷85.76=

(10) 260.9÷574.3=

(11) 0.1427÷0.3086=

(12) 52.69÷73.24=

(13) 5.838÷6.453=

(14) 26.59÷38.47=

(15) 0.4607÷1.265=

(16) 8.769÷9.752=

(17) 0.6873÷0.9465=

(18) 2.408÷3.871=

(19) 57.92÷62.33=

(20) 0.8724÷5.076=

(21) 43.26÷95.78=

(22) 265.3÷831.2=

(23) 5.872÷9.848=

(24) 0.1387÷0.2664=

(25) 67.28÷344.6=

(26) 572.3÷99.92=

(27) 8.427÷10.08=

(28) 25.43÷73.12=

合计_____

总计_____

分号 5-30	
总号 188	

除法练习题三十

班级_____
姓名_____
学号_____

（要求精确到0.0001，以下四舍五入）

甲题：

（1）72.53÷672.4＝
（2）3.605÷4.583＝
（3）242.5÷798.2＝
（4）0.9532÷6.439＝
（5）64.34÷87.05＝
（6）211.6÷430.8＝
（7）0.7321÷0.8537＝
（8）612.5÷907.8＝
（9）1.463÷2.534＝
（10）87.26÷845.3＝
（11）0.6057÷4.274＝
（12）96.23÷812.4＝
（13）5.746÷8.035＝
（14）47.23÷65.87＝
（15）0.6725÷0.7844＝
（16）542.4÷3.167＝
（17）9.608÷10.45＝
（18）74.25÷99.56＝
（19）20.83÷57.43＝
（20）6.574÷23.85＝
（21）783.6÷972.4＝
（22）5.072÷43.08＝
（23）0.7563÷0.02675＝
（24）8.376÷9.542＝
（25）62.45÷378.9＝
（26）0.7439÷0.8725＝
（27）73.22÷100.4＝
（28）5.768÷32.77＝

乙题：

（1）0.5724÷0.7316＝
（2）84.57÷296.3＝
（3）2.532÷8.779＝
（4）64.59÷78.83＝
（5）542.6÷891.7＝
（6）2.403÷5.045＝
（7）832.6÷975.4＝
（8）14.26÷85.77＝
（9）7.055÷23.86＝
（10）0.6323÷0.04501＝
（11）9.668÷57.88＝
（12）722.3÷89.49＝
（13）3.678÷5.432＝
（14）75.26÷97.97＝
（15）6.403÷8.459＝
（16）24.57÷39.26＝
（17）725.3÷987.6＝
（18）0.4723÷0.6651＝
（19）89.32÷576.2＝
（20）342.5÷879.6＝
（21）15.77÷79.54＝
（22）0.03625÷0.6507＝
（23）64.59÷87.62＝
（24）2.546÷9.998＝
（25）0.7308÷0.8761＝
（26）56.47÷86.63＝
（27）298.3÷571.6＝
（28）0.8109÷4.257＝

合计_____   合计_____

总计_____

分号	5-31
总号	189

除法练习题三十一

班级_____
姓名_____
学号_____

（要求精确到 0.0001，以下四舍五入）

甲题：

(1) 3.864÷4.573=

(2) 29.58÷37.62=

(3) 0.7891÷0.9576=

(4) 43.26÷87.57=

(5) 7.259÷8.403=

(6) 0.5743÷0.2853=

(7) 87.06÷95.42=

(8) 265.3÷750.8=

(9) 42.57÷83.62=

(10) 0.9779÷5.028=

(11) 93.87÷695.4=

(12) 724.8÷996.7=

(13) 0.4787÷0.02608=

(14) 37.85÷74.53=

(15) 178.4÷269.5=

(16) 48.48÷66.72=

(17) 542.3÷831.5=

(18) 0.1704÷0.2647=

(19) 34.75÷55.12=

(20) 7.298÷9.047=

(21) 224.6÷807.1=

(22) 67.59÷74.28=

(23) 934.7÷940.3=

(24) 0.3128÷0.4729=

(25) 57.66÷358.7=

(26) 43.04÷64.28=

(27) 3.759÷10.44=

(28) 8.507÷9.956=

合计_____

乙题：

(1) 59.36÷97.45=

(2) 3.084÷6.724=

(3) 0.4723÷0.7785=

(4) 94.27÷238.3=

(5) 6.307÷8.196=

(6) 0.2143÷0.01278=

(7) 73.95÷94.38=

(8) 4.436÷5.663=

(9) 815.5÷999.6=

(10) 0.1965÷0.4275=

(11) 352.9÷608.9=

(12) 51.17÷184.5=

(13) 7.074÷8.403=

(14) 62.15÷75.42=

(15) 9.307÷27.89=

(16) 0.4296÷0.5837=

(17) 56.88÷80.47=

(18) 0.03257÷0.3106=

(19) 8.446÷9.989=

(20) 70.31÷87.56=

(21) 2.178÷4.867=

(22) 56.14÷94.94=

(23) 30.68÷57.22=

(24) 0.4183÷0.6701=

(25) 86.24÷422.6=

(26) 2.198÷7.403=

(27) 0.7267÷2.089=

(28) 51.19÷85.48=

合计_____

总计_____

分号 5-32
总号 190

除法练习题三十二

班级＿＿＿＿
姓名＿＿＿＿
学号＿＿＿＿

（要求精确到 0.01，以下四舍五入）

要求用简捷法计算下列各题：

（1）517,274÷93＝

（2）1,798.66÷96＝

（3）59,558.74÷97＝

（4）64.54546÷994＝

（5）3,523,487÷998＝

（6）4,750,175÷989＝

（7）7,164,933÷99.1＝

（8）0.987064÷9.98＝

（9）930,956.77÷0.0994＝

（10）0.786324÷992＝

（11）633.7204÷9.97＝

（12）431,830.79÷9.95＝

（13）21,375.32÷0.0998＝

（14）836.7754÷0.989＝

（15）0.315748÷0.9989＝

（16）47.6634÷0.097＝

（17）768,366÷993＝

（18）6,478.88÷99.92＝

（19）5,479.87÷9.994＝

（20）3,257.17÷987＝

（21）784.5÷74.68＝

（22）24.11÷59.8313＝

（23）892.12÷37.6681＝

（24）29.153÷84.1767＝

（25）4.8543÷24.7768＝

（26）31,486.72÷56,734.89＝

（27）52,738.1÷131,689＝

（28）32.74516÷83.1458＝

（29）725,881÷389,024＝

（30）7,934.67÷8,137＝

（31）1.354÷0.87536＝

（32）439.558÷67.30664＝

（33）74,589,664÷80,897.9＝

（34）745,866÷1.047＝

（35）27,654.8÷10.39＝

（36）854,668÷1.007＝

（37）12,210.66÷1.09＝

（38）454,878÷1.073＝

（39）58,430.77÷0.935＝

（40）34,536÷0.943＝

完成题＿＿＿＿＿＿　　　正确题＿＿＿＿＿＿

除法测定题一

参考时间：10分钟

(1) 181,440÷720＝

(2) 172,368÷36＝

(3) 21,224÷379＝

(4) 35,668÷964＝

(5) 59,769÷87＝

(6) 1,739,426÷38.74＝

(7) 305,802÷48.54＝

(8) 751,648÷9.056＝

(9) 278,756÷307＝

(10) 769,312÷829＝

(11) 20,188÷206＝

(12) 26,743÷569＝

(13) 13,920÷87＝

(14) 43,660÷590＝

(15) 54,128÷68＝

(16) 6,123÷157＝

(17) 43,602÷86＝

(18) 73,944÷948＝

(19) 46,852÷68＝

(20) 38,340÷852＝

(21) 63,875÷73＝

(22) 65,844÷93＝

(23) 7,553÷83＝

(24) 29,716÷46＝

(25) 367,086÷579＝

(26) 476,055÷6,849＝

(27) 54,404÷812＝

(28) 27,323÷307＝

(29) 29,232÷48＝

(30) 15,849÷587＝

(31) 33,456÷697＝

(32) 599,430÷870＝

(33) 45,484÷83＝

(34) 54,656÷854＝

(35) 20,636÷67＝

(36) 56,898÷654＝

完成题_____ 正确题_____

分号	5-34
总号	192

除法测定题二

班级＿＿＿＿＿
姓名＿＿＿＿＿
学号＿＿＿＿＿

（要求精确到 0.0001，以下四舍五入）

参考时间：10分钟

（1）477,360÷765＝

（2）527,296÷64＝

（3）5,889,014÷864＝

（4）5,358÷9.5＝

（5）486,286÷67＝

（6）1,739,426÷38.74＝

（7）262,086÷4,598＝

（8）0.4725÷0.75＝

（9）77,264÷16＝

（10）3,104,273÷359＝

（11）283.104÷36＝

（12）42÷0.35＝

（13）627,312÷7,468＝

（14）411.24÷14.9＝

（15）2,207.70÷0.45＝

（16）54,128÷68＝

（17）579,065÷895＝

（18）714,613÷739＝

（19）257,214÷526＝

（20）737,426÷382＝

（21）409,968÷624＝

（22）438,656÷9,536＝

（23）3,423,434÷362＝

（24）4,641÷8.5＝

（25）17,802÷3.6＝

（26）625,248÷78＝

（27）568,491÷8,239＝

（28）320,255÷0.329＝

（29）89,406÷18＝

（30）468,986÷973＝

（31）501,932÷58＝

（32）32÷0.76＝

（33）613,392÷7,864＝

（34）4,408.2÷18.6＝

（35）796,176÷912＝

（36）1,647.80÷0.35＝

（37）590,625÷875＝

（38）756,918÷963＝

（39）109,494÷462＝

（40）93,312÷216＝

完成题＿＿＿＿＿　　　正确题＿＿＿＿＿

珠算习题集

第 六 部 分

分号	6-1
总号	193

乘除练习题一

班级_____
姓名_____
学号_____

（要求精确到0.01，以下四舍五入）

甲题：

（1）1,973×206＝
（2）22,912÷358＝
（3）47×9,756＝
（4）15,484÷49＝
（5）827×736＝
（6）18,662÷217＝
（7）956×685＝
（8）48,256÷64＝
（9）649×738＝
（10）34,686÷738＝
（11）5,738×84＝
（12）10,184÷67＝
（13）594×428＝
（14）87,048÷936＝
（15）36×8,719＝
（16）11,525÷25＝
（17）327×738＝
（18）36,879÷647＝
（19）7,638×39＝
（20）75,795÷93＝
（21）816×948＝
（22）247,044÷357＝
（23）47×3,684＝
（24）180,565÷469＝
（25）579×617＝
（26）342,357÷821＝
（27）9,245×836＝
（28）44,252÷962＝

乙题：

（1）8,376×597＝
（2）31,408÷52＝
（3）698×4,683＝
（4）17,385÷285＝
（5）587×8,496＝
（6）34,383÷73＝
（7）468×384＝
（8）8,208÷304＝
（9）3,159÷69＝
（10）25,414÷54＝
（11）597×381＝
（12）25,996÷268＝
（13）73×5,237＝
（14）32,085÷69＝
（15）683×948＝
（16）33,696÷432＝
（17）547×213＝
（18）22,631÷53＝
（19）6,385×27＝
（20）40,158÷873＝
（21）268×715＝
（22）18,837÷69＝
（23）39×8,495＝
（24）11,900÷425＝
（25）843×764＝
（26）46,488÷78＝
（27）376×528＝
（28）28,800÷384＝

合计_____   合计_____

总计_____

乘除练习题二

（要求精确到0.01，以下四舍五入）

甲题：

(1) 397×618＝

(2) 11,096÷152＝

(3) 418×723＝

(4) 48,512÷64＝

(5) 7,389×36＝

(6) 79,431÷913＝

(7) 172×638＝

(8) 24,736×78＝

(9) 56×8,547＝

(10) 44,156÷532＝

(11) 954×471＝

(12) 61,841÷67＝

(13) 672×485＝

(14) 16,568÷436＝

(15) 718×916＝

(16) 21,692÷29＝

(17) 2,591×49＝

(18) 22,420÷295＝

(19) 764×295＝

(20) 12,272÷52＝

(21) 28×4,951＝

(22) 58,032÷624＝

(23) 936×752＝

(24) 38,982÷73＝

(25) 8,543×52＝

(26) 40,158÷582＝

(27) 479×398＝

(28) 39,238÷46＝

合计＿＿＿＿

乙题：

(1) 86×6,418＝

(2) 51,504÷592＝

(3) 839×723＝

(4) 53,352÷57＝

(5) 2,748×569＝

(6) 27,636÷329＝

(7) 6,372×483＝

(8) 46,996÷62＝

(9) 9,586×728＝

(10) 57,232÷784＝

(11) 475×8,396＝

(12) 19,228÷76＝

(13) 326×598＝

(14) 41,184÷176＝

(15) 4,719×35＝

(16) 479,069÷839＝

(17) 653×874＝

(18) 171,010÷245＝

(19) 48×7,351＝

(20) 20,384÷208＝

(21) 862×485＝

(22) 60,754÷74＝

(23) 159×537＝

(24) 37,293÷401＝

(25) 2,715×69＝

(26) 74,866÷83＝

(27) 973×216＝

(28) 53,352÷936＝

合计＿＿＿＿

总计＿＿＿＿

分号	6-3
总号	195

乘除练习题三

班级＿＿＿＿＿＿
姓名＿＿＿＿＿＿
学号＿＿＿＿＿＿

（要求精确到0.01，以下四舍五入）

甲题：

（1）6,357×76＝
（2）961,674÷147＝
（3）875×294＝
（4）305,312÷32＝
（5）67×4,872＝
（6）634,475÷619＝
（7）985×372＝
（8）192,672÷54＝
（9）2,906×38＝
（10）964,080÷208＝
（11）588×175＝
（12）320,393÷43＝
（13）37×6,083＝
（14）2,795,045÷571＝
（15）626×342＝
（16）279,222÷807＝
（17）9,572×86＝
（18）681,782÷94＝
（19）541×723＝
（20）1,812,290÷254＝
（21）48×2,857＝
（22）280,112÷82＝
（23）7,024×97＝
（24）4,200,140÷532＝
（25）509×2,408＝
（26）471,096÷72＝
（27）372×954＝
（28）123,597÷443＝

合计＿＿＿＿＿＿

乙题：

（1）393×247＝
（2）638,365÷65＝
（3）8,026×507＝
（4）618,342÷257＝
（5）263×476＝
（6）2,652,704÷304＝
（7）5,243×85＝
（8）4,958,544÷912＝
（9）749×329＝
（10）151,944÷78＝
（11）8,266×732＝
（12）389,896÷104＝
（13）564×283＝
（14）151,368÷318＝
（15）6,597×53＝
（16）566,544÷58＝
（17）473×264＝
（18）2,083,968÷243＝
（19）3,728×505＝
（20）365,022÷63＝
（21）79×4,829＝
（22）2,256,375÷275＝
（23）647×583＝
（24）1,232,385÷165＝
（25）87×1,942＝
（26）301,194÷87＝
（27）3,708×295＝
（28）1,136,564÷572＝

合计＿＿＿＿＿＿

总计＿＿＿＿＿＿

| 分号 | 6-4 |
| 总号 | 196 |

乘除练习题四

班级＿＿＿＿
姓名＿＿＿＿
学号＿＿＿＿

（要求精确到0.01，以下四舍五入）

甲题：

（1）694×175＝
（2）10,585÷29＝
（3）5,638×27＝
（4）38,892÷463＝
（5）489×637＝
（6）9,275÷25＝
（7）84×5,273＝
（8）14,700÷196＝
（9）567×418＝
（10）35,742÷42＝
（11）326×769＝
（12）67,106÷754＝
（13）4,178×65＝
（14）59,396÷62＝
（15）763×429＝
（16）20,034÷318＝
（17）24×8,956＝
（18）18,497÷53＝
（19）975×318＝
（20）34,352÷452＝
（21）834×176＝
（22）30,624÷87＝
（23）296×357＝
（24）80,997÷931＝
（25）6,352×84＝
（26）36,498÷79＝
（27）751×649＝
（28）25,290÷562＝

合计＿＿＿＿＿＿

乙题：

（1）39×2,831＝
（2）22,149÷23＝
（3）695×348＝
（4）103,768÷218＝
（5）4,856×39＝
（6）281,456÷359＝
（7）423×786＝
（8）587,180÷628＝
（9）48×1,763＝
（10）38,724÷461＝
（11）615×297＝
（12）18,611÷37＝
（13）3,875×946＝
（14）15,496÷596＝
（15）7,926×538＝
（16）30,150÷67＝
（17）5,437×869＝
（18）5,265÷135＝
（19）389×3,754＝
（20）29,792÷38＝
（21）293×476＝
（22）53,676÷639＝
（23）4,518×93＝
（24）38,208÷48＝
（25）684×257＝
（26）37,392÷492＝
（27）29×8,435＝
（28）8,268÷26＝

合计＿＿＿＿＿＿

总计＿＿＿＿＿＿

珠算习题集

分号	6-5
总号	197

乘除练习题五

（要求精确到0.01，以下四舍五入）

甲题：

(1) 857×329＝

(2) 770,732÷86＝

(3) 4,708×203＝

(4) 1,433,444÷446＝

(5) 52×3,729＝

(6) 178,002÷87＝

(7) 6,754×385＝

(8) 1,660,968÷306＝

(9) 478×269＝

(10) 139,272÷56＝

(11) 2,905×439＝

(12) 242,276÷74＝

(13) 6,041×953＝

(14) 54,795÷65＝

(15) 734×872＝

(16) 1,457,415÷417＝

(17) 1,455×697＝

(18) 173,623÷29＝

(19) 408×7,506＝

(20) 1,100,112÷328＝

(21) 5,764×84＝

(22) 204,692÷73＝

(23) 295×317＝

(24) 3,106,674÷906＝

(25) 4,256×108＝

(26) 2,020,062÷254＝

(27) 5,123×657＝

(28) 693,772÷92＝

合计_____

乙题：

(1) 6,726×332＝

(2) 1,432,125÷475＝

(3) 853×294＝

(4) 474,824÷56＝

(5) 2,978×83＝

(6) 546,672÷168＝

(7) 7,275×422＝

(8) 99,328÷97＝

(9) 3,408×209＝

(10) 1,793,316÷518＝

(11) 658×934＝

(12) 2,580,232÷851＝

(13) 6,385×478＝

(14) 544,768÷64＝

(15) 592×8,402＝

(16) 3,203,015÷751＝

(17) 3,217×852＝

(18) 411,431÷83＝

(19) 384×972＝

(20) 1,117,436÷514＝

(21) 5,307×608＝

(22) 1,081,984÷214＝

(23) 964×187＝

(24) 914,101÷107＝

(25) 3,257×218＝

(26) 3,538,908÷998＝

(27) 899×727＝

(28) 503,328÷96＝

合计_____

总计_____

乘除练习题六

（要求精确到 0.01，以下四舍五入）

甲题：

(1) 925×174＝

(2) 83,592÷86＝

(3) 8,459×63＝

(4) 14,592÷384＝

(5) 281×759＝

(6) 76,725÷93＝

(7) 86×1,763＝

(8) 10,293÷219＝

(9) 478×916＝

(10) 21,336÷28＝

(11) 3,965×84＝

(12) 101,178÷462＝

(13) 572×694＝

(14) 481,914÷738＝

(15) 68×3,187＝

(16) 250,158÷519＝

(17) 387×546＝

(18) 271,950÷294＝

(19) 7,129×839＝

(20) 269,689÷653＝

(21) 5,874×798＝

(22) 18,360÷135＝

(23) 689×4,758＝

(24) 155,430÷314＝

(25) 736×8,294＝

(26) 159,330÷678＝

(27) 4,923×52＝

(28) 438,372÷492＝

合计_____

乙题：

(1) 8,157×79＝

(2) 910,067÷961＝

(3) 723×457＝

(4) 33,500÷268＝

(5) 6,503×14＝

(6) 166,290÷345＝

(7) 527×769＝

(8) 680,050÷725＝

(9) 1,492×35＝

(10) 592,132÷827＝

(11) 381×214＝

(12) 205,942÷253＝

(13) 46×6,872＝

(14) 611,204÷638＝

(15) 914×392＝

(16) 405,876÷596＝

(17) 5,361×83＝

(18) 33,500÷125＝

(19) 157×827＝

(20) 242,530÷614＝

(21) 49×4,809＝

(22) 409,704÷794＝

(23) 683×346＝

(24) 120,620÷815＝

(25) 293×5,869＝

(26) 61,269÷13＝

(27) 765×518＝

(28) 79,744÷320＝

合计_____

总计_____

分号	6-7
总号	199

乘除练习题七

（要求精确到0.01，以下四舍五入）

甲题：

(1) 13×76,057＝

(2) 388,147÷410＝

(3) 0.685×164.8＝

(4) 27.195÷9.25＝

(5) 493×7,340＝

(6) 30.913÷0.38＝

(7) 7,261×0.016＝

(8) 26.9689÷41.3＝

(9) 36×7,871＝

(10) 300.566÷49＝

(11) 104×85.29＝

(12) 18,360÷136＝

(13) 90,518×1.5＝

(14) 69,924÷12＝

(15) 6,305×92.4＝

(16) 2,657.16÷36＝

(17) 892×5,813＝

(18) 155.43÷4.95＝

(19) 5,240×0.675＝

(20) 15.933÷67.8＝

(21) 697×4,692＝

(22) 1,057.39÷4.1＝

(23) 2,739×378＝

(24) 4.38372÷8.91＝

(25) 8,147×406＝

(26) 29.6279÷0.68＝

(27) 291×4,839＝

(28) 91.0067÷96.1＝

合计_____

乙题：

(1) 95,162×58＝

(2) 33,500÷268＝

(3) 3,856×1.05＝

(4) 75.854÷0.085＝

(5) 0.025×96.41＝

(6) 16.629÷345＝

(7) 1,463×823＝

(8) 57.3996÷93＝

(9) 670×0.7612＝

(10) 680.05÷7.25＝

(11) 59×34,894＝

(12) 2.60433÷5.7＝

(13) 403.8×25.7＝

(14) 59.2132÷0.827＝

(15) 0.724×0.0849＝

(16) 20.5942÷2.53＝

(17) 5,315×47.2＝

(18) 29.127÷210＝

(19) 697×6,430＝

(20) 6,112.04÷63.8＝

(21) 2,984×72.5＝

(22) 405.876÷59.6＝

(23) 42×32,061＝

(24) 8,226.96÷8.3＝

(25) 9,098×72.5＝

(26) 3.35÷2.68＝

(27) 8.6×5,948＝

(28) 20.636÷5.6＝

合计_____

总计_____

乘除练习题八

（要求精确到0.01，以下四舍五入）

甲题：

(1) 309×7,538＝
(2) 242,530÷614＝
(3) 7,930×0.015＝
(4) 40.9704÷7.94＝
(5) 0.87×6.3451＝
(6) 48,450÷0.68＝
(7) 461×5,283＝
(8) 12,062÷14.8＝
(9) 6,678×140＝
(10) 511.53÷8.85＝
(11) 924×3,634＝
(12) 7,721.28÷96＝
(13) 501.3×27.6＝
(14) 29.8809÷35.7＝
(15) 14,809×99＝
(16) 273.03÷9.58＝
(17) 252×8,107＝
(18) 309.27÷0.78＝
(19) 0.0985×0.492＝
(20) 39.3934÷8.62＝
(21) 368×2,981＝
(22) 5,332.90÷85＝
(23) 61,043×59＝
(24) 39.7894÷58.6＝
(25) 275×307.6＝
(26) 679.69÷0.74＝
(27) 1,659×893＝
(28) 34.4817÷89.1＝

合计_____

乙题：

(1) 97×40,157＝
(2) 2,367.27÷29＝
(3) 8,240×0.025＝
(4) 3.48467÷4.69＝
(5) 4,925×7.68＝
(6) 20.1996÷7.24＝
(7) 571×9,620＝
(8) 49,567.60÷830＝
(9) 384×1,576＝
(10) 61.7444÷9.47＝
(11) 7,312×0.692＝
(12) 450.079÷569＝
(13) 7,598×310＝
(14) 430,434÷810＝
(15) 961×2,831＝
(16) 3,216.93÷4.71＝
(17) 3,815×406＝
(18) 3,657÷1.38＝
(19) 0.048×0.90756＝
(20) 23.17÷0.25＝
(21) 2,476×5.42＝
(22) 67.4498÷7.13＝
(23) 41,204×6.3＝
(24) 575.199÷0.79＝
(25) 637×8,309＝
(26) 17,820÷132＝
(27) 8,720×0.024＝
(28) 3,952.95÷5.7＝

合计_____

总计_____

乘除练习题九

（要求精确到 0.01，以下四舍五入）

甲题：

(1) 5,314×0.81＝

(2) 896.406÷0.98＝

(3) 1.25×92.68＝

(4) 187.80÷2.4＝

(5) 72.81×0.79＝

(6) 24.8454÷96.3＝

(7) 65.7×6,935＝

(8) 37,697÷253＝

(9) 0.4169×113＝

(10) 47,520÷1,500＝

(11) 89×0.7058＝

(12) 41.877÷84.6＝

(13) 2.439×0.043＝

(14) 5,371.20÷36＝

(15) 38.15×324＝

(16) 64.1484÷0.927＝

(17) 765.2×0.61＝

(18) 3,515.20÷6.5＝

(19) 0.702×97.15＝

(20) 941.28÷2.96＝

(21) 68.32×0.045＝

(22) 485,010÷634＝

(23) 5,746×0.48＝

(24) 36,010÷260＝

(25) 258.3×16.9＝

(26) 3.10288÷32.8＝

(27) 69.84×2,500＝

(28) 643.34÷0.38＝

合计＿＿＿＿＿

乙题：

(1) 792.5×2.36＝

(2) 4.42206÷51.3＝

(3) 36.51×0.28＝

(4) 597.30÷15＝

(5) 84.69×31.9＝

(6) 52.2582÷6.94＝

(7) 270.6×0.15＝

(8) 10,179÷2.6＝

(9) 3,328×0.46＝

(10) 38.2311÷9.63＝

(11) 136.9×10.7＝

(12) 337.561÷8.3＝

(13) 47.09×840＝

(14) 37.3274÷4.18＝

(15) 28.03×13.6＝

(16) 129,710÷1,400＝

(17) 6,147×0.76＝

(18) 576,190÷785＝

(19) 96.25×9.18＝

(20) 624.40÷3.5＝

(21) 76.39×950＝

(22) 410.35÷283＝

(23) 143.9×1.6＝

(24) 7,241.93÷89＝

(25) 24.75÷2,480＝

(26) 196.297÷7.3＝

(27) 81.63×5.9＝

(28) 71.34÷14.5＝

合计＿＿＿＿＿

总计＿＿＿＿＿

乘除练习题十

（要求精确到 0.01，以下四舍五入）

甲题：

(1) 85,041×39＝
(2) 31.1364÷3.24＝
(3) 750×819.4＝
(4) 3,900÷0.24＝
(5) 683×2,517＝
(6) 619.423÷7.49＝
(7) 1,767×0.086＝
(8) 2,181.78÷51＝
(9) 312×8,035＝
(10) 19,434÷49.2＝
(11) 5,450×0.078＝
(12) 543.89÷685＝
(13) 0.086×0.9273＝
(14) 58.59÷0.15＝
(15) 739×5,516＝
(16) 66,750÷53.4＝
(17) 4,204×375＝
(18) 7,658÷28＝
(19) 2,358×280＝
(20) 1.144÷4.16＝
(21) 196.03×6.4＝
(22) 4,723.68÷4.8＝
(23) 0.61×48,291＝
(24) 531.93÷14.9＝
(25) 867×1,037＝
(26) 2,347.32÷6.2＝
(27) 9,705×7.52＝
(28) 43.8463÷8.93＝

合计_____

乙题：

(1) 243×5,861＝
(2) 12.92÷34＝
(3) 5,816×0.748＝
(4) 59.0788÷9.26＝
(5) 1,378×352＝
(6) 322.27÷0.65＝
(7) 6,902×59.5＝
(8) 47.762÷572＝
(9) 41×87,310＝
(10) 52.7388÷85.2＝
(11) 729×1,907＝
(12) 2,929.16÷43＝
(13) 937×6,363＝
(14) 63.8149÷85.2＝
(15) 8,750×0.024＝
(16) 550.95÷7.5＝
(17) 41,684×29＝
(18) 9.324÷29.6＝
(19) 325×94.16＝
(20) 38,664÷17.9＝
(21) 3,815×0.96＝
(22) 3,348÷0.24＝
(23) 76,940×0.645＝
(24) 60.0873÷6.51＝
(25) 75.83×0.27＝
(26) 2.31173÷52.9＝
(27) 0.063×602.1＝
(28) 1,275.30÷45＝

合计_____

总计_____

乘除练习题十一

分号 6-11
总号 203

（要求精确到0.01，以下四舍五入）

甲题：

(1) 6.77×0.738＝
(2) 202,377÷483＝
(3) 0.852×1.65＝
(4) 14.1933÷56.1＝
(5) 795×8.21＝
(6) 0.546342÷6.42＝
(7) 3.96×81.5＝
(8) 5,463.24÷85.9＝
(9) 295×214＝
(10) 72.3734÷7.37＝
(11) 0.574×0.725＝
(12) 8,423.24÷938＝
(13) 2.96×6.81＝
(14) 0.67536÷4.69＝
(15) 78.3×5.63＝
(16) 60.2946÷7.38＝
(17) 16.8×0.275＝
(18) 30,510×13.5＝
(19) 0.825×3.78＝
(20) 6.09411÷64.9＝
(21) 9.45×8.59＝
(22) 5.42025÷0.825＝
(23) 31.8×2.85＝
(24) 503.20÷272＝
(25) 2.54×195＝
(26) 41.9016÷8.84＝
(27) 0.649×7.81＝
(28) 27.5247÷35.7＝

合计＿＿＿＿

乙题：

(1) 518×475＝
(2) 29.503÷1.81＝
(3) 0.418×9.26＝
(4) 6.8295÷94.2＝
(5) 14.2×1.74＝
(6) 17.7612÷7.79＝
(7) 8.16×36.5＝
(8) 23.8784÷656＝
(9) 0.693×0.279＝
(10) 0.79202÷3.98＝
(11) 3.51×0.0641＝
(12) 3.96566÷46.6＝
(13) 1.85×8.32＝
(14) 206.057÷52.7＝
(15) 5.39×94.6＝
(16) 2.58405÷4.83＝
(17) 254×7.81＝
(18) 44.3734÷8.42＝
(19) 0.793×53.9＝
(20) 1,154.73÷18.3＝
(21) 1.85×41.6＝
(22) 54.9648÷6.94＝
(23) 952×3.58＝
(24) 405,878÷971＝
(25) 4.72×81.2＝
(26) 37.391÷2.69＝
(27) 236×2.57＝
(28) 5,462.10÷57.8＝

合计＿＿＿＿

总计＿＿＿＿

乘除练习题十二

（要求精确到 0.01，以下四舍五入）

甲题：

(1) $0.735 \times 4.36 =$

(2) $79.1268 \div 932 =$

(3) $8.19 \times 79.4 =$

(4) $4,824.95 \div 8.45 =$

(5) $529 \times 0.629 =$

(6) $405.92 \div 1.72 =$

(7) $6.28 \times 4.27 =$

(8) $61.7076 \div 8.43 =$

(9) $0.391 \times 83.6 =$

(10) $571,188 \div 956 =$

(11) $54.6 \times 0.948 =$

(12) $34.694 \div 8.36 =$

(13) $7.39 \times 41.7 =$

(14) $928.72 \div 2.47 =$

(15) $0.426 \times 9.25 =$

(16) $27.6862 \div 95.8 =$

(17) $51.2 \times 3.65 =$

(18) $13.6757 \div 16.3 =$

(19) $8.45 \times 1.84 =$

(20) $33.8778 \div 9.57 =$

(21) $13.7 \times 0.692 =$

(22) $4.8332 \div 0.281 =$

(23) $6.98 \times 47.5 =$

(24) $3.34304 \div 4.96 =$

(25) $0.951 \times 85.6 =$

(26) $641.33 \div 8.35 =$

(27) $624 \times 0.391 =$

(28) $41.601 \div 147 =$

合计_____

乙题：

(1) $87.3 \times 4.72 =$

(2) $4.1005 \div 2.95 =$

(3) $0.962 \times 5.87 =$

(4) $401.20 \div 136 =$

(5) $7.35 \times 0.316 =$

(6) $62.5086 \div 8.47 =$

(7) $0.984 \times 8.14 =$

(8) $755.04 \div 52.8 =$

(9) $17.3 \times 9.25 =$

(10) $4.60798 \div 47.9 =$

(11) $8.46 \times 4.83 =$

(12) $1,359.78 \div 17.3 =$

(13) $51.2 \times 5.81 =$

(14) $33.2741 \div 8.51 =$

(15) $0.849 \times 6.93 =$

(16) $44.7432 \div 7.24 =$

(17) $4.71 \times 2.83 =$

(18) $177.612 \div 3.61 =$

(19) $0.624 \times 91.5 =$

(20) $70.7277 \div 84.3 =$

(21) $9.56 \times 46.7 =$

(22) $5.336 \div 0.736 =$

(23) $0.521 \times 61.7 =$

(24) $226.493 \div 8.42 =$

(25) $7.34 \times 93.2 =$

(26) $4.84623 \div 57.9 =$

(27) $0.618 \times 0.845 =$

(28) $5.5746 \div 32.6 =$

合计_____

总计_____

乘除练习题十三

（要求精确到 0.01，以下四舍五入）

甲题：

(1) 2,953×9,117＝
(2) 31,099,880÷5,095＝
(3) 493×278＝
(4) 466,335÷723＝
(5) 5,978×9,576＝
(6) 41,037,192÷6,723＝
(7) 298×984＝
(8) 110,616÷264＝
(9) 5,756×8,078＝
(10) 24,576,024÷8,063＝
(11) 289×702＝
(12) 17,760,204÷5,418＝
(13) 8,322×4,117＝
(14) 33,670÷364＝
(15) 654×387＝
(16) 40,115,625÷9,725＝
(17) 4,058×1,224＝
(18) 6,409,290÷3,074＝
(19) 618×949＝
(20) 354,368÷784＝
(21) 4,077×5,083＝
(22) 10,961,104÷2,387＝
(23) 523×451＝
(24) 20,880,167÷4,103＝
(25) 7,034×3,336＝
(26) 433,820÷436＝
(27) 482×978＝
(28) 4,895,754÷1,429＝

合计_____

乙题：

(1) 999×713＝
(2) 163,812÷748＝
(3) 2,966×9,725＝
(4) 4,929,266÷3,854＝
(5) 898×107＝
(6) 42,928,410÷6,042＝
(7) 6,841×8,971＝
(8) 143,520÷195＝
(9) 543×205＝
(10) 73,766,525÷7,835＝
(11) 9,638×5,186＝
(12) 8,683,988÷2,804＝
(13) 181×847＝
(14) 13,684,547÷8,329＝
(15) 3,942×5,104＝
(16) 55,755÷177＝
(17) 561×794＝
(18) 71,902,068÷7,853＝
(19) 8,555×4,089＝
(20) 9,440,193÷9,051＝
(21) 372×841＝
(22) 150,436÷263＝
(23) 5,865×6,606＝
(24) 16,000,208÷2,984＝
(25) 462×532＝
(26) 2,217,568÷1,058＝
(27) 3,022×2,998＝
(28) 643,526÷934＝

合计_____

总计_____

乘除练习题十四

（要求精确到 0.01，以下四舍五入）

甲题：

（1） 592×968＝
（2） 12,837,220÷6,785＝
（3） 3,812×2,751＝
（4） 24,453÷342＝
（5） 276×115＝
（6） 57,142,692÷8,046＝
（7） 1,432×6,452＝
（8） 9,776,189÷1,783＝
（9） 651×386＝
（10） 12,175÷125＝
（11） 9,432×7,213＝
（12） 9,339,251÷2,633＝
（13） 787×968＝
（14） 54,762,084÷9,001＝
（15） 8,234×4,138＝
（16） 199,354÷758＝
（17） 725×193＝
（18） 13,715,460÷9,236＝
（19） 8,531×5,781＝
（20） 8,396,320÷2,705＝
（21） 529×396＝
（22） 739,772÷782＝
（23） 7,956×1,651＝
（24） 17,130,768÷5,428＝
（25） 282×988＝
（26） 304,668÷819＝
（27） 6,182×2,084＝
（28） 7,035,967÷1,987＝

合计_____

乙题：

（1） 2,438×6,715＝
（2） 34,387÷251＝
（3） 625×142＝
（4） 25,347,175÷6,025＝
（5） 7,432×4,527＝
（6） 18,292,134÷3,129＝
（7） 645×865＝
（8） 291,384÷639＝
（9） 1,188×6,395＝
（10） 30,741,526÷5,062＝
（11） 593×907＝
（12） 21,609,678÷2,846＝
（13） 4,523×8,435＝
（14） 40,310÷278＝
（15） 429×983＝
（16） 33,477,084÷7,218＝
（17） 8,012×2,488＝
（18） 5,314,596÷1,057＝
（19） 682×925＝
（20） 351,912÷372＝
（21） 1,059×2,026＝
（22） 4,391,166÷2,963＝
（23） 966×543＝
（24） 14,196÷728＝
（25） 3,108×7,844＝
（26） 47,586,422÷5,431＝
（27） 736×539＝
（28） 57,172,670÷7,054＝

合计_____

总计_____

| 分号 6-15 |
| 总号 207 |

乘除练习题十五

班级＿＿＿＿
姓名＿＿＿＿
学号＿＿＿＿

（要求精确到0.01，以下四舍五入）

甲题：

（1）5,701×6,048＝
（2）26,042,568÷7,428＝
（3）644×334＝
（4）4,357,172÷1,609＝
（5）5,624×9,693＝
（6）802,332÷874＝
（7）597×982＝
（8）54,316,836÷5,726＝
（9）9,814×7,919＝
（10）10,484,292÷9,601＝
（11）147×541＝
（12）14,744,862÷1,854＝
（13）9,436÷5,396＝
（14）209,066÷286＝
（15）469×712＝
（16）22,495,968÷2,673＝
（17）4,938×1,978＝
（18）2,217,568÷1,058＝
（19）354×857＝
（20）270,336÷768＝
（21）6,593×1,458＝
（22）15,413,598÷4,887＝
（23）251×869＝
（24）273,105÷867＝
（25）8,023×3,201＝
（26）57,457,735÷6,533＝
（27）132×956＝
（28）64,061,920÷7,904＝

合计＿＿＿＿

乙题：

（1）192×885＝
（2）308,902÷418＝
（3）8,395×2,042＝
（4）39,989,268÷7,389＝
（5）145×656＝
（6）6,316,002÷2,058＝
（7）2,865×3,187＝
（8）604,854÷621＝
（9）164×302＝
（10）37,715,244÷3,854＝
（11）4,059×3,076＝
（12）74,550,630÷8,205＝
（13）694×977＝
（14）443,207÷841＝
（15）7,368×9,252＝
（16）21,919,680÷2,655＝
（17）572×914＝
（18）31,844,504÷9,992＝
（19）7,950×4,971＝
（20）7,851,930÷2,306＝
（21）869×139＝
（22）90,454÷637＝
（23）1,725×4,325＝
（24）52,207,658÷8,726＝
（25）374×105＝
（26）42,976,386÷6,102＝
（27）1,459×8,305＝
（28）265,545÷945＝

合计＿＿＿＿

总计＿＿＿＿

分号	6-16
总号	208

乘除练习题十六

班级_____
姓名_____
学号_____

（要求精确到 0.0001，以下四舍五入）

甲题：
（1） 8,725×6,534＝
（2） 35,671,829÷5,903＝
（3） 346×195＝
（4） 644,490÷682＝
（5） 2,067×8,453＝
（6） 369,564÷412＝
（7） 451×682＝
（8） 761,904÷936＝
（9） 1,309×5,281＝
（10） 57,231,636÷8,079＝
（11） 734×859＝
（12） 20,506,866÷6,254＝
（13） 8,489×6,834＝
（14） 34,686,905÷3,685＝
（15） 243×156＝
（16） 761,904÷936＝
（17） 8,903×1,014＝
（18） 10,057,878÷1,026＝
（19） 624×974＝
（20） 321,434÷346＝
（21） 4,328×2,332＝
（22） 23,491,052÷2,743＝
（23） 829×673＝
（24） 37,586,176÷5,248＝
（25） 9,357×6,401＝
（26） 468,141÷817＝
（27） 374×215＝
（28） 60,141,612÷7,068＝

乙题：
（1） 158×365＝
（2） 238,656÷678＝
（3） 4,625×6,323＝
（4） 22,677,116÷7,259＝
（5） 597×845＝
（6） 73,386,612÷8,076＝
（7） 6,299×2,753＝
（8） 605,982÷663＝
（9） 712×932＝
（10） 74,349,584÷9,832＝
（11） 5,624×9,394＝
（12） 294,882÷357＝
（13） 946×325＝
（14） 6,430,436÷1,604＝
（15） 8,926×4,283＝
（16） 22,836,814÷7,259＝
（17） 493×856＝
（18） 34,404÷141＝
（19） 7,284×5,862＝
（20） 66,722,227÷8,723＝
（21） 874×163＝
（22） 20,649,074÷4,106＝
（23） 7,218×1,557＝
（24） 242,688÷256＝
（25） 329×792＝
（26） 35,595,314÷4,267＝
（27） 5,285×2,548＝
（28） 298,701÷851＝

合计_____   合计_____

总计_____

分号	6-17
总号	209

乘除练习题十七

（要求精确到 0.0001，以下四舍五入）

甲题：

（1）1,838×4,158＝

（2）54,652,290÷9,086＝

（3）9,342×2,439＝

（4）19,245,744÷2,196＝

（5）1,213×4,874＝

（6）26,505,525÷6,753＝

（7）4,153×6,564＝

（8）357,509.10÷50.46＝

（9）3,915×4,312＝

（10）33,607,680÷8,205＝

（11）9,997×4,314＝

（12）60,000,446÷9,437＝

（13）6,021×4,724＝

（14）44,034,540÷7,305＝

（15）8,315×5,763＝

（16）83,130,080÷2,384＝

（17）1,227×2,433＝

（18）9,857,914÷3,586＝

（19）8,181×2,871＝

（20）25,684,140÷6,108＝

（21）2,931×4,587＝

（22）62,977,885÷7,243＝

（23）1,493×2,143＝

（24）15,773,900÷4,815＝

（25）4,815×7,849＝

（26）11,763,384÷9,021＝

（27）3,545×1,496＝

（28）87,295,200÷29,040＝

合计_____

乙题：

（1）5,745×6,942＝

（2）48,087,072÷6,354＝

（3）1,693×2,153＝

（4）27,670,820÷3,065＝

（5）1,059×3,135＝

（6）10,009,048÷5,726＝

（7）5,143×9,604＝

（8）49,529,750÷8,375＝

（9）8,151×1,649＝

（10）53,463,300÷19,060＝

（11）9,735×1,375＝

（12）5,933,244÷2,946＝

（13）2,649×5,871＝

（14）6,567,414÷1,897＝

（15）3,845×6,518＝

（16）28,514,134÷4,063＝

（17）3,472×3,768＝

（18）32,748,376÷9,598＝

（19）3,442×5,881＝

（20）6,940,890÷3,762＝

（21）6,731×6,051＝

（22）77,047,530÷8,106＝

（23）7,921×4,629＝

（24）27,498,570÷7,246＝

（25）3,158×9,321＝

（26）22,645,056÷9,408＝

（27）4,143×5,472＝

（28）29,919,036÷5,839＝

合计_____

总计_____

分号 6-18
总号 210

乘除练习题十八

（要求精确到 0.0001，以下四舍五入）

甲题：

(1) 2,849×1,991＝
(2) 30,868,198÷9,787＝
(3) 3,046×8,504＝
(4) 226,600,722÷5,046＝
(5) 4,869×3,875＝
(6) 21,413,684÷2,831＝
(7) 1,229×1,493＝
(8) 54,914,908÷6,724＝
(9) 3,974×9,052＝
(10) 39,940,855÷5,329＝
(11) 2,826×4,351＝
(12) 64,113,600÷9,025＝
(13) 5,037×2,008＝
(14) 42,712,932÷7,869＝
(15) 7,610×1,063＝
(16) 10,933,278÷1,887＝
(17) 2,518×4,108＝
(18) 62,453,050÷6,325＝
(19) 6,327×4,029＝
(20) 12,164,464÷3,029＝
(21) 8,529×4,037＝
(22) 21,588,714÷2,646＝
(23) 9,632×2,609＝
(24) 9,986,548÷1,738＝
(25) 3,326×5,461＝
(26) 67,772,228÷8,542＝
(27) 4,813×1,635＝
(28) 69,511,330÷7,805＝

合计_____

乙题：

(1) 4,108×9,346＝
(2) 9,754,668÷6,237＝
(3) 2,338×5,242＝
(4) 46,876,438÷7,889＝
(5) 1,259×9,861＝
(6) 30,564,482÷5,078＝
(7) 4,565×1,927＝
(8) 48,172,497÷6,429＝
(9) 7,438×3,471＝
(10) 9,542,544÷2,728＝
(11) 9,184×3,542＝
(12) 31,335,024÷3,647＝
(13) 6,734×4,256＝
(14) 26,245,206÷4,602＝
(15) 1,073×6,277＝
(16) 21,899,448÷2,953＝
(17) 3,253×9,360＝
(18) 24,425,984÷8,674＝
(19) 4,327×4,113＝
(20) 39,780,137÷5,413＝
(21) 7,182×7,818＝
(22) 19,451,322÷2,046＝
(23) 5,271×4,911＝
(24) 43,630,836÷8,972＝
(25) 9,328×6,151＝
(26) 12,893,874÷2,598＝
(27) 4,365×4,657＝
(28) 18,154,290÷4,785＝

合计_____

总计_____

乘除练习题十九

分号 6-19
总号 211

（要求精确到 0.0001，以下四舍五入）

甲题：

(1) 2,943×5,772＝
(2) 29,055,400÷1,405＝
(3) 1,854×3,349＝
(4) 23,563,845÷7,589＝
(5) 3,044×7,365＝
(6) 17,792,550÷6,243＝
(7) 2,857×6,928＝
(8) 39,604,860÷3,607＝
(9) 7,514×3,792＝
(10) 56,555,685÷8,721＝
(11) 4,053×6,132＝
(12) 23,841,090÷3,195＝
(13) 7,316×4,138＝
(14) 33,350,696÷6,728＝
(15) 7,519×8,208＝
(16) 6,285,600÷2,025＝
(17) 5,587×6,445＝
(18) 21,156,190÷4,322＝
(19) 1,184×5,705＝
(20) 6,569,150÷1,918＝
(21) 8,415×2,573＝
(22) 60,610,332÷7,564＝
(23) 6,139×4,167＝
(24) 8,410,710÷9,268＝
(25) 2,183×4,952＝
(26) 48,958,173÷6,039＝
(27) 8,913×4,018＝
(28) 23,527,779÷9,537＝

合计_____

乙题：

(1) 4,062×5,371＝
(2) 22,340,775÷6,429＝
(3) 6,954×5,072＝
(4) 10,919,230÷2,005＝
(5) 6,146×7,597＝
(6) 51,190,425÷8,325＝
(7) 6,894×8,767＝
(8) 13,392,896÷4,756＝
(9) 9,311×1,548＝
(10) 5,361,210÷1,065＝
(11) 7,542×9,384＝
(12) 52,441,857÷8,457＝
(13) 5,941×2,149＝
(14) 34,746,096÷9,996＝
(15) 5,857×6,643＝
(16) 26,611,200÷7,425＝
(17) 2,851×4,128＝
(18) 16,507,240÷8,072＝
(19) 3,572×1,733＝
(20) 38,508,997÷5,783＝
(21) 2,849×2,834＝
(22) 8,270,808÷2,164＝
(23) 9,524×3,026＝
(24) 55,003,611÷6,053＝
(25) 2,787×9,935＝
(26) 51,566,760÷5,385＝
(27) 5,431×9,176＝
(28) 27,348,720÷3,504＝

合计_____

总计_____

分号	6-20
总号	212

乘除练习题二十

班级＿＿＿＿＿＿
姓名＿＿＿＿＿＿
学号＿＿＿＿＿＿

（要求精确到 0.0001，以下四舍五入）

甲题：

（1） 3,127×2,038＝
（2） 24,589,276÷4,063＝
（3） 4,575×3,189＝
（4） 9,105,470÷3,245＝
（5） 4,438×6,311＝
（6） 11,670,928÷1,784＝
（7） 4,773×2,028＝
（8） 22,631,121÷6,957＝
（9） 1,438×8,928＝
（10） 5,151,120÷2,704＝
（11） 1,845×7,114＝
（12） 44,750,264÷5,954＝
（13） 3,028×3,141＝
（14） 4,597,516÷2,783＝
（15） 6,491×8,927＝
（16） 1,289,596÷4,081＝
（17） 7,373×1,826＝
（18） 32,324,382÷9,858＝
（19） 4,759×4,202＝
（20） 48,246,807÷7,329＝
（21） 5,384×5,794＝
（22） 4,081,896÷5,607＝
（23） 1,328×5,803＝
（24） 7,129,292÷2,498＝
（25） 1,472×1,433＝
（26） 40,994,652÷6,837＝
（27） 5,041×5,923＝
（28） 12,169,695÷2,517＝

合计＿＿＿＿＿＿

乙题：

（1） 4,133×8,191＝
（2） 66,083,820÷6,735＝
（3） 5,339×1,264＝
（4） 2,751,782÷3,014＝
（5） 9,576×2,868＝
（6） 19,531,638÷6,846＝
（7） 5,108×1,831＝
（8） 59,635,842÷7,357＝
（9） 2,743×2,936＝
（10） 10,297,924÷2,978＝
（11） 8,452×9,482＝
（12） 5,406,489÷9,603＝
（13） 7,493×3,046＝
（14） 45,269,664÷5,786＝
（15） 9,104×1,351＝
（16） 6,110,784÷3,296＝
（17） 4,932×3,412＝
（18） 8,409,015÷2,187＝
（19） 8,353×2,853＝
（20） 2,017,398÷8,102＝
（21） 9,473×1,615＝
（22） 18,926,924÷3,819＝
（23） 3,158×2,485＝
（24） 15,818,355÷2,643＝
（25） 5,764×9,812＝
（26） 8,846,670÷5,726＝
（27） 7,289×2,204＝
（28） 26,514,608÷6,301＝

合计＿＿＿＿＿＿

总计＿＿＿＿＿＿

分号	6-21
总号	213

乘除练习题二十一

班级＿＿＿＿＿
姓名＿＿＿＿＿
学号＿＿＿＿＿

（要求精确到 0.0001，以下四舍五入）

甲题：

（1） 3,148×2,572＝
（2） 2,986,340÷1,028＝
（3） 9,836×1,853＝
（4） 18,181,408÷3,529＝
（5） 9,127×4,892＝
（6） 20,497,485÷6,785＝
（7） 4,343×7,128＝
（8） 26,149,510÷8,702＝
（9） 3,845×8,422＝
（10） 16,620,381÷2,459＝
（11） 5,621×6,481＝
（12） 17,146,610÷6,434＝
（13） 9,392×1,423＝
（14） 52,374,536÷8,732＝
（15） 2,955×5,848＝
（16） 66,195,525÷9,785＝
（17） 7,137×1,242＝
（18） 8,217,920÷3,904＝
（19） 3,145×8,398＝
（20） 3,729,639÷2,953＝
（21） 2,137×9,316＝
（22） 10,648,696÷1,784＝
（23） 4,815×3,991＝
（24） 23,833,915÷6,839＝
（25） 6,294×8,136＝
（26） 20,187,420÷4,015＝
（27） 4,599×4,752＝
（28） 19,754,700÷5,726＝

乙题：

（1） 1,334×8,634＝
（2） 64,299,488÷9,874＝
（3） 9,957×3,713＝
（4） 65,243,124÷9,054＝
（5） 2,314×7,165＝
（6） 15,286,440÷5,736＝
（7） 8,459×4,159＝
（8） 6,060,810÷1,862＝
（9） 3,613×8,937＝
（10） 54,960,239÷6,079＝
（11） 4,619×5,692＝
（12） 19,059,183÷8,437＝
（13） 9,734×8,531＝
（14） 43,396,294÷7,246＝
（15） 6,391×7,383＝
（16） 41,283,834÷8,201＝
（17） 2,793×6,943＝
（18） 32,291,532÷9,857＝
（19） 8,469×1,374＝
（20） 12,647,065÷3,629＝
（21） 3,841×2,545＝
（22） 21,563,565÷8,755＝
（23） 6,854×9,861＝
（24） 8,903,501÷2,903＝
（25） 1,791×5,363＝
（26） 18,615,531÷6,457＝
（27） 9,248×4,748＝
（28） 27,554,902÷4,051＝

合计＿＿＿＿＿   合计＿＿＿＿＿

总计＿＿＿＿＿

乘除练习题二十二

班级_____
姓名_____
学号_____

（要求精确到0.0001，以下四舍五入）

甲题：

(1) 9,847×3,574＝
(2) 57,379,168÷6,424＝
(3) 5,841×3,318＝
(4) 24,613,518÷9,106＝
(5) 5,821×7,138＝
(6) 25,052,076÷7,819＝
(7) 5,723×4,513＝
(8) 21,883,052÷2,657＝
(9) 4,314×4,132＝
(10) 8,289,232÷5,432＝
(11) 9,879×3,165＝
(12) 29,793,179÷6,079＝
(13) 5,621×4,729＝
(14) 7,595,941÷2,987＝
(15) 4,378×5,648＝
(16) 6,391,875÷1,875＝
(17) 3,593×7,439＝
(18) 43,820,172÷5,093＝
(19) 2,721×3,956＝
(20) 20,966,744÷2,636＝
(21) 1,153×9,213＝
(22) 16,339,968÷4,728＝
(23) 1,384×9,524＝
(24) 11,871,522÷5,637＝
(25) 9,316×1,873＝
(26) 22,470,084÷6,859＝
(27) 6,725×7,148＝
(28) 6,439,249÷1,607＝

乙题：

(1) 3,956×2,453＝
(2) 56,951,334÷8,426＝
(3) 1,953×8,495＝
(4) 27,705,810÷9,735＝
(5) 6,258×9,214＝
(6) 485,856÷6,025＝
(7) 7,578×3,653＝
(8) 9,048,984÷2,649＝
(9) 4,832×8,913＝
(10) 54,398,397÷5,673＝
(11) 5,992×7,792＝
(12) 18,969,664÷8,416＝
(13) 1,461×7,836＝
(14) 21,303,387÷3,087＝
(15) 1,726×9,335＝
(16) 31,756,648÷9,548＝
(17) 7,591×2,385＝
(18) 21,025,476÷6,726＝
(19) 2,135×3,737＝
(20) 72,848,430÷8,054＝
(21) 1,423×8,227＝
(22) 36,160,272÷9,978＝
(23) 8,095×1,314＝
(24) 7,011,342÷3,249＝
(25) 8,257×2,983＝
(26) 18,701,600÷6,025＝
(27) 6,185×3,912＝
(28) 4,965,634÷1,871＝

合计_____   合计_____

总计_____

乘除练习题二十三

分号 6-23
总号 215

（要求精确到 0.0001，以下四舍五入）

甲题：

(1) 17.05×6.463=
(2) 225,148÷2,408=
(3) 95.39×61.84=
(4) 2,458.9026÷37.29=
(5) 39.01×0.3317=
(6) 178.86085÷6.157=
(7) 8.433×930.4=
(8) 11.94562÷94.06=
(9) 91.07×0.1703=
(10) 1,652.4978÷28.19=
(11) 78.82×11.06=
(12) 132.2265÷642.5=
(13) 7.859×0.4321=
(14) 188.02875÷51.87=
(15) 82.94×3.644=
(16) 394.83÷1.605=
(17) 3.465×16.03=
(18) 357.42432÷8.976=
(19) 10.17×6.931=
(20) 2,351.7545÷57.29=
(21) 99.96×363.7=
(22) 85,904÷2,065=
(23) 547.6×7.861=
(24) 236.12781÷2.463=
(25) 64.06×318.6=
(26) 235.92645÷58.47=
(27) 233.1×439.9=
(28) 5,475,611÷8,017=

合计_____

乙题：

(1) 41.13×18.91=
(2) 116.59808÷7.324=
(3) 93.27×17.64=
(4) 63.4767÷76.02=
(5) 4,031×37.12=
(6) 1,763.537÷63.85=
(7) 345.6×74.63=
(8) 32.124624÷9.989=
(9) 4.729×99.08=
(10) 3,365.405÷34.25=
(11) 98.88×70.03=
(12) 22,272,616÷5,708=
(13) 75.01×79.84=
(14) 5,031.602÷1,427=
(15) 25.23×887.9=
(16) 14,826.812÷58.19=
(17) 81.03×12.92=
(18) 21,176,594÷3,502=
(19) 0.9381×81.89=
(20) 512.45465÷6.235=
(21) 19.19×999.9=
(22) 2,234.3946÷78.51=
(23) 874.8×61.23=
(24) 37,682,652÷5,019=
(25) 9.614×85.67=
(26) 7.8856064÷8.432=
(27) 65.19×1.796=
(28) 121.51914÷150.6=

合计_____

总计_____

乘除练习题二十四

分号 6-24
总号 216

（要求精确到 0.0001，以下四舍五入）

甲题：

（1） 27.16×256.1＝
（2） 46,025,576÷5,704＝
（3） 48.95×9.447＝
（4） 6,263.157÷38.59＝
（5） 3,837×0.5649＝
（6） 62.53125÷1.725＝
（7） 2.157×1.382＝
（8） 190,754.72÷761.8＝
（9） 60.47×71.38＝
（10） 24,417,786÷4,038＝
（11） 93.86×91.65＝
（12） 729.4298÷2.563＝
（13） 1.995×90.98＝
（14） 50,721.912÷85.52＝
（15） 64.37×53.42＝
（16） 42,902,815÷7,109＝
（17） 0.5379×38.53＝
（18） 3,264.347÷9.998＝
（19） 70.66×76.98＝
（20） 734.4453÷35.67＝
（21） 0.7676×91.84＝
（22） 59.85904÷1.003＝
（23） 8.378×2.842＝
（24） 29,315,448÷3,708＝
（25） 93.44×8.157＝
（26） 234,090.64÷65.17＝
（27） 3,499×0.5493＝
（28） 8.2656728÷8.932＝

合计＿＿＿＿＿＿

乙题：

（1） 488.5×1.126＝
（2） 99.27294÷2.787＝
（3） 460.1×394.5＝
（4） 3,243.933÷34.65＝
（5） 94.72×1.845＝
（6） 144.93486÷8.043＝
（7） 32.49×207.9＝
（8） 253.24642÷8.573＝
（9） 38.48×2.123＝
（10） 753.8508÷26.34＝
（11） 75.18×0.3846＝
（12） 61.710013÷68.03＝
（13） 237.4×99.52＝
（14） 5,297.9312÷97.82＝
（15） 5,931×27.58＝
（16） 37.728504÷0.5427＝
（17） 3.142×2.034＝
（18） 96.80517÷48.09＝
（19） 95.15×9.475＝
（20） 370.75282÷6.329＝
（21） 74.97×32.13＝
（22） 2,228.3832÷87.87＝
（23） 2.938×4.384＝
（24） 144.88656÷2.996＝
（25） 1,606×63.99＝
（26） 151.11046÷490.3＝
（27） 21.48×4.839＝
（28） 22.615764÷0.6414＝

合计＿＿＿＿＿＿

总计＿＿＿＿＿＿

乘除练习题二十五

（要求精确到 0.0001，以下四舍五入）

甲题：

(1) 29.99×4.327=
(2) 102.39232÷680.8=
(3) 64.16×8.431=
(4) 2,846.5269÷87.29=
(5) 7.495×4.869=
(6) 5.2112896÷5.632=
(7) 2.733×4.619=
(8) 20.29974÷0.8765=
(9) 9.892×7.513=
(10) 12.672363÷15.07=
(11) 492.8×2.189=
(12) 86.86116÷27.54=
(13) 89.12×33.89=
(14) 372.81938÷6.781=
(15) 3.792×9.091=
(16) 45,818.927÷542.3=
(17) 6.067×0.2188=
(18) 4.036956÷13.09=
(19) 7.128×2,361=
(20) 6.7129685÷8.995=
(21) 48.34×9.283=
(22) 6,324.4392÷76.53=
(23) 5.812×6.451=
(24) 1.6991296÷5.432=
(25) 8.787×0.3432=
(26) 142.11741÷201.9=
(27) 0.6994×1.288=
(28) 6,335.2364÷84.29=

合计_____

乙题：

(1) 8.829×4.476=
(2) 34.122708÷3.726=
(3) 81.25×96.03=
(4) 9,860,760÷4,095=
(5) 4.747×4.325=
(6) 51.939665÷0.8317=
(7) 769.8×601.6=
(8) 1,744.4448÷68.53=
(9) 9.997×6.858=
(10) 20.978969÷8,041=
(11) 0.4721×99.12=
(12) 22,704.078÷542.9=
(13) 19.97×68.37=
(14) 730.1168÷13.87=
(15) 52.88×24.55=
(16) 594.94275÷6.675=
(17) 4.257×75.76=
(18) 222,615.54÷542.7=
(19) 3.784×56.77=
(20) 562.4927÷1,603=
(21) 10.02×91.76=
(22) 91.5161÷26.26=
(23) 987.3×71.26=
(24) 3,213.071÷99.94=
(25) 61.07×69.05=
(26) 595.1685÷18.57=
(27) 84.74×40.98=
(28) 4,288,708÷6,085=

合计_____

总计_____

乘除练习题二十六

分号 6-26
总号 218

班级＿＿＿＿＿＿
姓名＿＿＿＿＿＿
学号＿＿＿＿＿＿

（要求精确到 0.0001，以下四舍五入）

甲题：

(1) 3,671×7,416＝
(2) 172.67229÷21.63＝
(3) 54.38×0.2037＝
(4) 1,849.6896÷510.4＝
(5) 2.974×8.295＝
(6) 7,611.814÷1,043＝
(7) 91.02×34.18＝
(8) 812.26629÷85.17＝
(9) 0.5736×14.73＝
(10) 2.6203896÷4.124＝
(11) 14.68×3,726＝
(12) 589.138776÷96.52＝
(13) 7.983×21.63＝
(14) 74.210161÷24.59＝
(15) 510.4×72.98＝
(16) 459.5253÷739.5＝
(17) 8.517×63.54＝
(18) 10.887922÷1.486＝
(19) 0.3624×10.43＝
(20) 29.290077÷98.19＝
(21) 9,537×412.4＝
(22) 5.0549761÷0.6437＝
(23) 67.92×317.8＝
(24) 7.439484÷18.52＝
(25) 0.2722×41.36＝
(26) 243.79812÷39.24＝
(27) 74.77×82.73＝
(28) 2.2604487÷27.59＝

合计＿＿＿＿＿＿

乙题：

(1) 45.09×124.7＝
(2) 872.86024÷0.9268＝
(3) 78.54×7,383＝
(4) 95.67789÷20.13＝
(5) 40.32×8.208＝
(6) 50.55406÷15.38＝
(7) 11.07×72.06＝
(8) 9.83421÷67.45＝
(9) 45.18×21.01＝
(10) 7.9811832÷0.8293＝
(11) 8,587×84.18＝
(12) 136.82083÷45.17＝
(13) 80.17×40.18＝
(14) 88.65704÷6.392＝
(15) 22.05×60.58＝
(16) 46.32672÷1.804＝
(17) 3,824×0.6693＝
(18) 4.014989÷84.26＝
(19) 10.16×5.132＝
(20) 31,736.81÷37.94＝
(21) 43.78×26.75＝
(22) 4.7192544÷60.48＝
(23) 432.1×8.504＝
(24) 17.95452÷3.768＝
(25) 75.75×50.19＝
(26) 41,101.347÷47.39＝
(27) 3.116×582.3＝
(28) 341.74535÷47.83＝

合计＿＿＿＿＿＿

总计＿＿＿＿＿＿

乘除练习题二十七

分号 6-27
总号 219

班级＿＿＿＿
姓名＿＿＿＿
学号＿＿＿＿

（要求精确到0.0001，以下四舍五入）

甲题：

(1) 38.52×7.469＝
(2) 616.08225÷83.65＝
(3) 5.807×37.93＝
(4) 351.35343÷51.39＝
(5) 15.28×83.26＝
(6) 12.357279÷6.831＝
(7) 1.784×7.632＝
(8) 265.875÷18.75＝
(9) 97.36×574.6＝
(10) 132.8217÷7.318＝
(11) 54.82×4.504＝
(12) 7.979031÷48.27＝
(13) 4.938×0.5972＝
(14) 665.67072÷74.36＝
(15) 60.47×43.29＝
(16) 7,769.7414÷93.42＝
(17) 8.468×13.82＝
(18) 502.85214÷60.57＝
(19) 7.693×87.24＝
(20) 16,640÷40.96＝
(21) 54.86×3.549＝
(22) 579.68944÷9.278＝
(23) 8.324×73.12＝
(24) 73.37424÷34.08＝
(25) 26.99×47.28＝
(26) 53.73934÷10.09＝
(27) 6.327×84.38＝
(28) 80,662.625÷872.5＝

合计＿＿＿＿

乙题：

(1) 79.02×8.583＝
(2) 37.440594÷63.87＝
(3) 7.463×84.91＝
(4) 436.7898÷50.76＝
(5) 76.29×7.843＝
(6) 7.284564÷24.66＝
(7) 75.18×3.749＝
(8) 688.0542÷33.58＝
(9) 247.4×97.71＝
(10) 21.293052÷9.978＝
(11) 5.293×6.852＝
(12) 3,460.959÷43.02＝
(13) 471.3×48.64＝
(14) 211.4091÷724.5＝
(15) 8.573×9.069＝
(16) 57,760.56÷643.5＝
(17) 832.7×48.39＝
(18) 16.700783÷81.19＝
(19) 0.7512×76.83＝
(20) 68.99376÷2.409＝
(21) 0.9784×1.474＝
(22) 1,597.8968÷54.76＝
(23) 35.62×68.75＝
(24) 109.88802÷0.8763＝
(25) 92.33×0.5846＝
(26) 9,440.0394÷95.46＝
(27) 245.3×18.09＝
(28) 53.26434÷1.487＝

合计＿＿＿＿

总计＿＿＿＿

分号	6-28
总号	220

乘除练习题二十八

班级＿＿＿＿＿
姓名＿＿＿＿＿
学号＿＿＿＿＿

（要求精确到 0.0001，以下四舍五入）

甲题：

（1）6.087×43.86＝
（2）160.20647÷256.7＝
（3）760.8×4.517＝
（4）298.52872÷70.96＝
（5）0.4452×7.136＝
（6）27.092804÷0.8326＝
（7）37.42×0.7788＝
（8）1.4834494÷4.531＝
（9）2.324×25.82＝
（10）19,177,636÷2,017＝
（11）0.9521×9.185＝
（12）5,573.9242÷62.53＝
（13）2,557×6.557＝
（14）155.91852÷5.347＝
（15）84.92×45.45＝
（16）28.601856÷46.08＝
（17）1.112×63.78＝
（18）6,906.294×19.92＝
（19）4.985×78.54＝
（20）210.40544÷6.478＝
（21）9.378×94.31＝
（22）80.67526÷50.14＝
（23）4.754×0.4708＝
（24）988.8077÷28.57＝
（25）84.79×9.737＝
（26）366.24648÷6.172＝
（27）0.4141×8.792＝
（28）35.789830÷94.06＝

合计＿＿＿＿＿

乙题：

（1）8.394×81.21＝
（2）1,136.8535÷33.29＝
（3）0.5933×15.38＝
（4）618.2145÷8.325＝
（5）4.885×89.39＝
（6）397.48621÷810.7＝
（7）1.791×41.08＝
（8）1,366.3925÷45.17＝
（9）11.88×5.871＝
（10）255,266.96÷2.678＝
（11）38.47×2.233＝
（12）28,481,368÷3,028＝
（13）45.96×7.418＝
（14）1,194.4968÷58.64＝
（15）4.791×54.75＝
（16）481.46888÷6.124＝
（17）21.59×99.34＝
（18）22,767.696÷75.29＝
（19）727.8×1.072＝
（20）41.706756÷5.707＝
（21）92.38×4.121＝
（22）211.86465÷8.133＝
（23）9.374×41.89＝
（24）3,117.8853÷95.67＝
（25）0.3716×39.88＝
（26）257.98276÷2.698＝
（27）5.177×0.7931＝
（28）46,196,536÷9,208＝

合计＿＿＿＿＿

总计＿＿＿＿＿

乘除练习题二十九

（要求精确到 0.0001，以下四舍五入）

甲题：

(1) 84.32×9.751＝
(2) 18.111632÷0.6832＝
(3) 6.898×0.4725＝
(4) 28.830824÷9.428＝
(5) 39.84×6.832＝
(6) 44,086.536÷74.37＝
(7) 738.2×0.7539＝
(8) 9.808986÷0.3894＝
(9) 74.26×8.346＝
(10) 54.09965÷1.837＝
(11) 68.29×48.71＝
(12) 43.23725÷10.85＝
(13) 4.289×5.973＝
(14) 916.1838÷23.94＝
(15) 88.59×7.465＝
(16) 2.6249265÷8.865＝
(17) 2.974×98.35＝
(18) 313.39952÷964.9＝
(19) 14.73×8.295＝
(20) 1,378.4199÷27.83＝
(21) 37.35×2.964＝
(22) 150.5534÷5.239＝
(23) 834.5×7.472＝
(24) 1,893.9448÷63.47＝
(25) 97.85×49.25＝
(26) 2,320.8476÷91.48＝
(27) 6.832×0.9586＝
(28) 45,030.764÷529.4＝

乙题：

(1) 3.749×58.96＝
(2) 6,630.832÷359.2＝
(3) 25.82×9.473＝
(4) 948.4943÷18.07＝
(5) 684.8×49.73＝
(6) 70.43561÷7.426＝
(7) 0.5282×19.57＝
(8) 24.083646÷38.54＝
(9) 3.647×548.3＝
(10) 26,478.144÷7,392＝
(11) 9.627×0.6291＝
(12) 3,157.2996÷52.78＝
(13) 57.48×3.773＝
(14) 118.31836÷33.98＝
(15) 249.6×8.254＝
(16) 235.69344÷7.968＝
(17) 0.9835×27.16＝
(18) 210.94304÷97.84＝
(19) 389.3×100.5＝
(20) 29.184588÷9.873＝
(21) 49.76×81.53＝
(22) 98.12284÷0.6298＝
(23) 739.8×0.2175＝
(24) 327.137÷4.724＝
(25) 73.29×0.5894＝
(26) 19,214.027÷93.59＝
(27) 827.9×99.37＝
(28) 1.7998215÷6.217＝

合计_____   合计_____

总计_____

乘除练习题三十

（要求精确到 0.0001，以下四舍五入）

甲题：

（1）8.575×0.4213＝

（2）5,431.2192÷85.72＝

（3）7,159×3.056＝

（4）2.4154247÷6.019＝

（5）28.39×9.473＝

（6）16,826.355÷57.33＝

（7）0.9487×2.513＝

（8）366.51858÷6.126＝

（9）18.25×33.48＝

（10）2,515.3551÷47.29＝

（11）8.542×26.82＝

（12）23.648097÷2.607＝

（13）6.966×41.39＝

（14）15,930.432÷526.8＝

（15）8.476×8.129＝

（16）280.36096÷9.956＝

（17）4,638×4.018＝

（18）1,033.3092÷34.98＝

（19）0.2937×7.455＝

（20）51,834,789÷6,021＝

（21）27.31×4.851＝

（22）254.36218÷8.753＝

（23）95.54×87.49＝

（24）2,577.365÷29.54＝

（25）75.89×6.958＝

（26）405.23648÷6.772＝

（27）59.74×4.931＝

（28）32,487,974÷4,603＝

合计_____

乙题：

（1）58.28×14.83＝

（2）140.13792÷4.728＝

（3）0.3146×3.893＝

（4）25,343.89÷52.69＝

（5）4.127×933.5＝

（6）81.144÷20.16＝

（7）0.8435×4.938＝

（8）189.17316÷6.417＝

（9）27.39×9.488＝

（10）4,190.3199÷83.29＝

（11）3.475×93.97＝

（12）29,133.76÷10.06＝

（13）84.91×31.79＝

（14）30,284,672÷6,028＝

（15）185.2×3.945＝

（16）995.2092÷64.29＝

（17）87.37×14.66＝

（18）280.5814÷5.732＝

（19）100.1×15.05＝

（20）2,478.2088÷72.88＝

（21）86.47×1.047＝

（22）68,217,432÷7,032＝

（23）1,009×45.19＝

（24）14,768.75÷9.897＝

（25）34.56×7.824＝

（26）152.43972÷30.27＝

（27）5.137×37.66＝

（28）344.1504÷32.59＝

合计_____

总计_____

分号	6-31
总号	223

乘除测定题

班级＿＿＿＿
姓名＿＿＿＿
学号＿＿＿＿

（要求精确到 0.0001，以下四舍五入）

参考时间 10 分钟

(1) 1,893×7,369＝

(2) 2,148×6,935＝

(3) 9,763×4,258＝

(4) 7,143×2,896＝

(5) 5,396×7,428＝

(6) 7,493×5,267＝

(7) 3,089×4,307＝

(8) 4,893×7,519＝

(9) 4,365×87.03＝

(10) 7.394×4,367＝

(11) 83.06×10.48＝

(12) 0.7963×4,298＝

(13) 159.08×62.37＝

(14) 8.0145×37.08＝

(15) 213.08×9,571.42＝

(16) 17,426,382÷8,094＝

(17) 37,386,356÷3,829＝

(18) 41,071,998÷7,986＝

(19) 52,704,852÷8,049＝

(20) 40,740,729÷8,637＝

(21) 654.2962÷186.2＝

(22) 40.2661÷3.69＝

(23) 10,427.83÷5,217＝

(24) 83,254.36÷7,293＝

(25) 32,780÷56,490＝

(26) 326,819.45÷3,694＝

(27) 425.8÷796.3＝

(28) 35,178,676÷4.867＝

(29) 2.8947÷0.476＝

(30) 50.2661÷6.39＝

(31) 39.28×57.64＝

(32) 84,370×0.01439＝

(33) 0.09618×67.25＝

(34) 0.01846×29.57＝

(35) 0.08205×35.84＝

(36) 6.875×0.5808＝

(37) 732,500×0.001552＝

(38) 524.71÷0.286＝

(39) 0.06517÷0.07695＝

(40) 878,260÷2,635＝

(41) 2,521.39÷538＝

(42) 814,120÷4,712＝

(43) 59,853.487÷50.19＝

(44) 393.218÷0.7591＝

(45) 721.6227÷764.2＝

完成题＿＿＿＿　　　　正确题＿＿＿＿

乘除测定题

（要求精确到 0.0001，以下四舍五入）

参考时间 10 分钟

(1) $2,145 \times 1,398 =$

(2) $7,051 \times 4,608 =$

(3) $2,417 \times 3,852 =$

(4) $4,679 \times 9,235 =$

(5) $1,398 \times 5,672 =$

(6) $9,725 \times 4,386 =$

(7) $8,143 \times 7,956 =$

(8) $20.13 \times 34.09 =$

(9) $40.59 \times 68.03 =$

(10) $70.85 \times 14.06 =$

(11) $50.69 \times 73.04 =$

(12) $40.78 \times 39.54 =$

(13) $0.6843 \times 5,729 =$

(14) $809.5 \times 62.04 =$

(15) $4,208 \times 7.013 =$

(16) $48,562,702 \div 6,529 =$

(17) $33,220,000 \div 4,832 =$

(18) $70,353,048 \div 9,348 =$

(19) $45,810,581 \div 5,623 =$

(20) $27,030,290 \div 3,605 =$

(21) $4,113,468 \div 2,804 =$

(22) $34,652,268 \div 3,582 =$

(23) $40,879,791 \div 9,567 =$

(24) $24.870213 \div 4.239 =$

(25) $34,874,316 \div 9,473 =$

(26) $4,825.6197 \div 0.6287 =$

(27) $12,857,306 \div 2,548 =$

(28) $26,459.31 \div 31.94 =$

(29) $1,743 \div 3,579 =$

(30) $83,645.72 \div 7,989 =$

(31) $0.7492 \times 815.3 =$

(32) $69.27 \times 0.04835 =$

(33) $815.4 \times 0.7632 =$

(34) $0.6274 \times 793.5 =$

(35) $45.29 \times 0.06738 =$

(36) $0.02759 \times 1,746 =$

(37) $0.07458 \times 6,293 =$

(38) $58.39 \div 74.61 =$

(39) $29,780 \div 54,715 =$

(40) $68.34 \div 73.19 =$

(41) $37.26 \div 84.95 =$

(42) $31,476 \div 82,594 =$

(43) $93.17 \div 56.28 =$

(44) $49,751.26 \div 785.92 =$

(45) $391,284.73 \div 4,397 =$

完成题＿＿＿＿＿＿　　正确题＿＿＿＿＿＿

第 七 部 分

分号	7-1
总号	225

四则练习题一

班级＿＿＿＿＿
姓名＿＿＿＿＿
学号＿＿＿＿＿

（乘除法要求精确到 0.01，以下四舍五入）

```
（1）      10,832,357           （2）        873,259
           2,654,832                          2,987
              49,269                         38,436
             821,478                     −    65,375
             708,526                          4,598
              83,695                         29,142
        +)    5,784                          86,064
```

（3） $298,357.11 + 32,562.09 + 8,176.54 + 66,491.83 + 9,326.57 + 1,832.46 + 2,405,383.26 =$

（4） $3,587,264 - 76,395 - 321,542 - 55,367 - 123,056 - 49,298 - 968,328 =$

（5） $6,938 \times 45.26 =$ （6） $8.547 \times 0.1754 =$

（7） $96,986.40 \div 3,765 =$ （8） $21.777932 \div 76.12 =$

（9） $3.458106 \times 0.953287 =$ （10） $8.09542 \times 2.64819 =$

（11） $4,587,546 \div 3,965,274 =$ （12） $5.31426 \div 0.698512 =$

```
（13）     5,783.26              （14）      72,835.44
        256,346.58                         − 9,647.28
        − 94,675.34                          − 598.17
           − 829.67                         85,487.65
          2,104.96                        − 7,264.96
        − 37,538.75                           126.39
         − 6,982.73                       − 54,609.52
         13,297.49                          − 315.04
      +) − 28,145.01                    +)  3,956.43
```

（15） $0.7325 \times 48.36 =$ （16） $5.198 \times 0.02659 =$

（17） $667.6206 \div 10.37 =$ （18） $30,248,288 \div 9,898 =$

(19)
```
        5,783.18
          412.57
      206,329.45
       83,076.96
        4,935.84
          594.23
+)     17,648.39
```

(20)
```
       48,311.26
       ⎧ 4,659.38
       ⎪   483.75
       ⎪ 2,954.54
     −⎨    276.89
       ⎪ 5,748.47
       ⎩   592.62
```

(21) 34,632.06＋876.45＋2,841.59＋515,926.74＋96,408.18＋2,091.72＋787,269.25＝

(22) 8,465,329−947,534＋21,835−6,957＋345,167−54,208＋11,069−67,398＝

(23) 3,765÷8,539＝

(24) 5,384÷1,003＝

(25) 9,132÷9,257＝

(26) 4,829÷6,484＝

(27)
```
       3,785,423
        −819,276
         −25,387
      −1,636,765
         948,542
        −357,694
+)       183,159
```

(28)
```
        6,478.54
           29.68
       −1,396.25
         −465.32
          854.16
          −37.87
+)       −612.93
```

(29) 27.85×3,698＝

(30) 653.80×4.057＝

(31) 0.5732×8.205＝

(32) 44.79×0.9908＝

(33) 7,831×1,009＝

(34) 20.38×57.56＝

(35) 1,902.2724÷78.09＝

(36) 484.85891÷5,947＝

(37) 53.007145÷0.6415＝

(38) 7,885.1912÷92.92＝

(39) 0.707449÷2.386＝

(40) 9.109216÷0.1048＝

四则练习题二

（乘除法要求精确到 0.01，以下四舍五入）

```
(1)      1,038.57        (2)   9,805,611.37        (3)      37,264.51
       857,642.39            ⎧   574,328.46              856,478.49
        32,453.26            ⎪    29,834.15             − 4,755.87
         8,519.45            ⎨   467,263.68             − 85,307.24
       265,287.08            ⎪     6,487.94                3,619.38
        46,365.13            ⎪   192,595.23             −172,896.16
    +) 719,126.81            ⎩   618,752.89          +)  28,143.95
```

(4) $6{,}782 \times 0.846 =$

(5) $50.7566 \div 74 =$

(6) $23{,}428 + 876{,}209 + 54{,}312 + 611{,}398 + 1{,}608{,}435 + 36{,}658 + 147{,}532 + 7{,}639{,}547$
   $+ 88{,}536 + 9{,}568 + 263{,}574 =$

(7) $4{,}983{,}265 - 57{,}384 - 128{,}432 - 64{,}278 - 1{,}576 - 98{,}102 - 76{,}382 - 3{,}785 - 46{,}396$
   $- 263{,}847 - 52{,}676 =$

```
(8)     32,685.17        (9)   47,835,119.02       (10)   5,382,675.84
      1,429,574.26            ⎧    694,237.47            − 845,736.57
          8,217.65            ⎪  5,328,546.38            −  26,487.25
        396,453.78            ⎨     47,653.96               39,328.63
         57,362.92            ⎪    576,328.54            − 510,264.12
        645,741.04            ⎪    410,964.25                8,541.39
         84,196.39            ⎩      2,875.63            −  64,953.46
     +)   3,829.53                  63,482.19         +)  53,786.54
```

(11) $38{,}405 \times 57.64 =$

(12) $4{,}431.112 \div 0.536 =$

(13) $4{,}578.33 + 269{,}532.48 + 9{,}576{,}844 + 37{,}654.22 + 589{,}625 + 3{,}375.46$
   $+ 28{,}954 + 73{,}265.19 + 54{,}287 + 396{,}086 + 6{,}783.29 =$

(14) $58{,}369{,}654 - 2{,}695.48 - 38{,}632.59 - 245{,}309.81 - 47{,}832 - 67{,}584.26$
   $- 7{,}318{,}645 - 87{,}124.35 - 232{,}644 - 57{,}810.62 =$

(15) $38{,}764.26 - 6{,}419.57 + 2{,}875{,}328 - 75{,}642 + 683{,}257.12 - 66{,}384.98$
   $+ 5{,}932 - 34{,}698.47 + 86{,}376.18 - 368{,}157.26 + 18{,}046 =$

(16) $68{,}949.35 + 4{,}938{,}172.56 + 73{,}984.21 + 893.16 + 483{,}291.67 + 83{,}426.95$
   $- 45{,}784.39 - 3{,}175.48 - 78 - 933.45 - 938.69 + 9{,}728.67 =$

(17)	57,942,807.62	(18)	68,053,908.73	(19)	79,064,109.84
	147,927.83		258,038.94		−369,049.95
	5,406,281.96		6,507,392.17		7,608,413.28
	157,820.35		268,930.46		−389,140.57
	4,625,956.86		5,736,167.97		5,847,278.18
	31,473.01		42,584.02		−53,695.03
+)	4,301.93		5,402.14	+)	6,503.35

(20) $47,391.57 \div 76,385.72 =$ (21) $83.06 \times 10.48 =$

(22) $4,961,825.73 - 71,249.86 - 4,139.65 - 684,395.72 - 589.17 - 39,846.72 =$

(23) $24,931,842.75 - 74,935.82 + 3,574,126.94 - 75,478.39 - 6,989.47 + 839.54 =$

(24)	81,075,201.95	(25)	92,086,302.16	(26)	13,097,403.27
	82,596.43		4,873,968.52		6,483,970.16
	7,943.58		−786,524.83		−849,736.42
	694,837.62		8,294.78		−73,694.85
	6,384.27		−724,597.36		−8,598.72
	6,293,785.24		39,749.83		2,847,692.84
+)	42,825.97	+)	5,836.47	+)	38,592.76

(27) $38.074 \times 20.593 =$ (28) $83,645.72 \div 7,989 =$

(29) $4,382 \times 7,469 =$ (30) $33,063,900 \div 8,975 =$

(31) $3,519 \times 0.04836 =$ (32) $31,748.29 \div 74.39 =$

(33) $0.4736 \times 5,938 =$ (34) $22,148,639 \div 9,437 =$

(35) $0.4731 \times 0.07593 =$ (36) $48,963.25 \div 874.69 =$

(37) $4,382,694.13 + 74,938.27 + 4,830.64 + 841.37 + 437,921.76 + 34,128.96 =$

(38) $849,376.52 - 7,854.32 - 31,896.25 - 637.48 - 13,825.49 - 2,786,498.53 =$

(39) $89,379.64 + 437.63 - 413,928.74 - 7,321,944 + 981,278.39 - 84,396.25 =$

(40) $39,748.62 + 8,324.75 + 743.96 + 548,936.21 + 384,291.63 + 4,989,376.24 =$

(41) $6,981,375.26 - 743.89 - 53,846.79 - 731,758.42 - 5,498.32 - 49,351.86 =$

(42) $89,436.52 - 476.58 - 695,437.62 + 4,359,876.46 - 7,951.86 + 31,854.76 =$

分号	7-3
总号	227

四则练习题三

(乘除法要求精确到 0.01,以下四舍五入)

```
(1)      5,783,264          (2)        3,469.87
           658,932                     66,508.94
             4,675                     −8,395.06
           139,846                       −657.58
            76,359                    −49,083.15
            62,098                       −246.39
      +)   291,527                 +)   1,872.73
```

(3) 47.88×65.15＝　　　　　　　(4) 76.94701÷0.8315＝

(5) 0.3626×7.403＝　　　　　　　(6) 18,145,503÷5,637＝

(7) 8,532,267＋368,053＋4,752＋20,578＋312,589＋44,265＝

(8) 18,326,518－8,531,276－66,543－451,271－8,325－36,974＝

```
(9)       963,268          (10)     20,837,432
         −37,657                       853,267
            8,324                      576,548
         −752,419                      365,784
          −44,876                −{    642,326
          295,045                      194,635
           −6,593                      708,159
     +)   −19,732                      289,813
```

(11) 4,783.26＋56,294.83＋5,712,039.14＋292,548.07＋31,284.45＋1,483.26
　　　＋676,809.52＝

(12) 2,845,322－69,457＋2,846－138,569＋8,075－454,209＋593,253
　　　－83,247＝

(13) 7,832×20.57＝　　　　　　　(14) 253.4868÷35.28＝

(15) 6.429833×2.035425＝　　　　(16) 5,832,675÷4,954,298＝

(17) 359.60×8.105=   (18) 0.5039×0.4508=

(19) 24,496,380÷7,015=   (20) 14,022.396÷68.94=

(21) 9,784×1,036=   (22) 428.4143÷9,998=

(23) 325,467+5,726,876+33,295+1,257+240,891+81,254=

(24) 1,296,588−47,649−187,605−2,483−61,312−3,831=

(25)
```
         463,207.14
           5,428.93
       1,246,784.29
          24,316.35
           2,095.47
         531,652.12
   +)      9,570.56
```

(26)
```
          27,358.28
    ⎧        467.39
    ⎪      2,610.52
    ⎨        845.46
    ⎪      5,926.13
    ⎪        539.84
    ⎩      6,052.75
  −
```

(27) 3,529×8,614=   (28) 6,498×0.01305=

(29) 123.29863÷2.093=   (30) 285,272.82÷68.46=

(31)
```
        3,264,508
         −492,683
       −1,453,165
          975,894
          −81,259
         −326,437
    +)     14,376
```

(32)
```
          57,328.19
            −496.35
              31.57
          −8,187.68
             520.76
          −9,075.42
    +)       162.24
```

(33) 47,816.09+486.35+516,207.48+6,924.33+959.27+81,241.85
    +108,332.67=

(34) 347,198.25−338,259.37+20,354.16−9,765.08+3,252.54−776.89
    +360,876.95=

(35) 83.25×0.1547=   (36) 5,408×3.285=

(37) 6,732×95.95=   (38) 44.76×0.02349=

(39) 159.94738÷0.3086=   (40) 590.3034÷10.07=

(41) 29,456.952÷5.628=   (42) 117,090.60÷86.35=

四则练习题四

（乘除法要求精确到 0.01，以下四舍五入）

(1)
```
    11,308,762
     3,494,658
       859,275
        35,423
       762,396
     4,620,187
+)      43,964
```

(2)
```
     6,983,642
       369,284
        57,539
       876,398
       32,167
      298,725
-)     47,406
```

(3) 869,312.02＋26,751＋3,184.98＋45,908.34＋9,867＋813,248.16＋16,948＝

(4) 4,938,069－27,896.25－9,538.75－124,965－45,187.63－7,625.48－23,176.09＝

(5) 7,815×36.36＝

(6) 0.9548×8.209＝

(7) 20,156,156÷2,468＝

(8) 33.508188÷73.29＝

(9) 8.320574×0.293483＝

(10) 78.1646×0.167805＝

(11) 463.2985÷57.3461＝

(12) 0.198674÷0.0189325＝

(13)
```
     26,573.08
    － 9,625.99
     308,154.27
    －95,386.16
         292.51
    －7,967.35
+)    －419.43
```

(14)
```
      4,832.66
    －2,957.69
       －743.58
     26,108.35
    －9,626.97
    －10,492.43
+)    8,236.74
```

(15) 50,783×37,609＝

(16) 47.12×8.663＝

(17) 9.501056÷59.68＝

(18) 66.346884÷0.7102＝

(19) 37,265+483,276.17+1,654.87+332,476+25,083.25+4,711.96
+1,704,839=

(20) 543,209−37,297.08+5,765,418−66,345+7,569.84−9,789.65
+4,102.33=

(21)　　　　51,328.11　　　　　　(22)　　　　736,876
　　　　　　 3,982.89　　　　　　　　　　　　 2,609
　　　　　209,176.83　　　　　　　　　　　 −484,598
　　　　　 26,465.07　　　　　　　　　　　 −37,452
　　　　　　 2,539.46　　　　　　　　　　　 259,165
　　　　　　　874.28　　　　　　　　　　　　 −5,983
　　　+) 　745,091.56　　　　　　　+) 　 −198,047

(23) 23.09×9.089=　　　　　　　　(24) 7,485×0.1056=

(25) 6.789÷23.54=　　　　　　　　(26) 9,832÷9,989=

(27) 54.28÷60.69=　　　　　　　　(28) 25.07÷72.48=

(29)　　　　 5,678.32　　　　　　(30)　　　24,834,629
　　　　　 205,321.97　　　　　　　　　　　 576,247
　　　　　 −8,954.28　　　　　　　　　　　1,381,096
　　　　　　 −563.19　　　　　　　　 −⎰　 65,184
　　　　　 −71,407.56　　　　　　　　　 ⎱　 652,978
　　　　　　 2,089.42　　　　　　　　　　　 97,412
　　　+)　　　 291.35　　　　　　　　　　　 408,335

(31) 38.95×0.6753=　　　　　　　 (32) 7,398×249.80=

(33) 5,767×9,918=　　　　　　　　(34) 62.33×0.07182=

(35) 4,026×85.07=　　　　　　　　(36) 8,432×10.06=

(37) 438,844.90÷7,085=　　　　　 (38) 30,555.536÷99.92=

(39) 141,923.34÷26.37=　　　　　 (40) 12,621.312÷5.478=

(41) 32.13261÷108.30=　　　　　　(42) 18.527628÷0.3606=

分号	7-5
总号	229

四则练习题五

班级_____
姓名_____
学号_____

（乘除法要求精确到 0.01，以下四舍五入）

```
(1)      61,935.12      (2)     29,873.96      (3)      34,285.00
          3,548.09             ⎧    596.33            − 2,953.18
        278,314.87             ⎪  7,187.69                 37.98
         59,426.64           − ⎨    642.57              − 496.26
          2,857.38             ⎪  3,754.24            − 1,874.83
     +)   1,983.25             ⎩    369.85          +)    458.39
```

(4) $0.01387 \times 4.956 =$　　　　　　(5) $6,934 \times 87.66 =$

(6) $28,588.568 \div 8,732 =$　　　　　(7) $1,116.9535 \div 37.85 =$

```
(8)       873,256      (9)     5,329,832     (10)         2,987
            4,967            ⎧    845,914               987,236
           26,843            ⎪     73,658              − 46,543
            9,532          − ⎨      4,586             − 631,855
           78,319            ⎪     57,375                58,392
      +)    5,478            ⎩    268,469          +)  − 9,764
```

(11) $81.93 \times 0.5304 =$　　　　　　(12) $578.6 \times 0.3675 =$

(13) $0.15571864 \div 5.948 =$　　　　(14) $19.71879 \div 0.9786 =$

```
(15)    164,831.62    (16)      45,319.02    (17)       5,784.29
          2,357.38           ⎧   2,487.94              − 856.46
         56,278.97           ⎪     765.29                 27.85
            469.85         − ⎨   4,632.76             − 3,954.37
          7,984.29           ⎪     593.45              − 592.52
         83,592.76           ⎩   9,174.63                − 83.19
     +)     643.13                 246.38          +)    268.34
```

(18) $3,987 \times 6,421 =$　　　　　　(19) $783.2 \times 59.59 =$

(20) $2,891.2994 \div 403.7 =$　　　　(21) $14,228.81 \div 6.338 =$

(22) 418,930.72	(23) 976,341.92	(24) 947,583.79
6,893.76	4,183,296.37	−638,978.43
745.89	984.73	−4,859.27
839,641.78	39,687.42	−71,382.96
41,875.94	832,196.74	2,859,743.96
+) 4,392,819.74	48,613.27	+) 83,961.87

(25) 3,852 × 2,417 =

(26) 382,843.69 ÷ 6.398 =

(27) 3,496.58 + 749.38 + 683,495.36 + 28,379.64 + 6,298,796.47 + 31,487.96 =

(28) 4,923,785.62 − 659.38 − 29,748.39 − 435,276.58 − 8,924.73 − 58,947.26 =

(29) 689.72 + 83,479.52 − 685,947.36 − 48,395.27 + 3,925,784.63 − 7,493.68 =

(30) 597,386.74	(31) 3,728,956.42	(32) 7,934,825.76
42,895.68	−9,684.75	−6,738.49
3,972,387.59	−52,978.78	89,748.63
49,897.26	−849,726.43	−387,624.58
3,469.75	−7,694.83	−58,294.73
+) 47,582.43	+) 89,376.54	+) 52,784.39

(33) 4,365 × 87.03 =

(34) 45,810,581 ÷ 5,623 =

(35) 89,640 × 0.01829 =

(36) 384,659.48 ÷ 7,842 =

(37) 93.76 × 42.87 =

(38) 84,739.64 ÷ 6,293 =

(39) 4,325.74 + 7,379,654.82 + 6,937.28 + 548,982.34 + 8,263.97 + 298,793.64 =

(40) 3,289,674.39 − 7,483.60 − 657,843.92 − 82,574.36 − 2,835.47 − 85,673.29 =

(41) 8,307,692.73 − 78,398.64 − 24,756.82 − 8,759.42 − 869,473.62 − 7,954.83 − 4,328.96 =

(42) 3.457 × 8.926 =

(43) 97.25 ÷ 48.63 =

(44) 60.42 × 75.09 =

(45) 40,041,492 ÷ 6,924 =

四则练习题六

（除法要求精确到 0.0001，以下四舍五入）

(1)	15,387	(2)	278,312	(3)	57,609
	2,563		7,934		−8,956
	875,425		5,249		4,197
	29,846	−{	89,625		−37,653
	7,294		35,984		163,532
+)	5,339		9,136	+)	−9,305

(4) 72,934×89＝

(5) 549×328＝

(6) 27,013÷7＝

(7) 33,504÷4＝

(8)	267,843	(9)	213,596	(10)	6,519
	6,956		5,784		87,693
	43,219		28,363		−61,358
	87,537	−{	9,675		−9,484
	1,768		7,259		−2,707
+)	104,875		93,842	+)	32,676

(11) 8,124×108＝

(12) 73,109×96＝

(13) 76,860÷90＝

(14) 2,868.6÷0.3＝

(15)	2,465	(16)	98,963	(17)	223,875
	78,536		1,576		−3,762
	226,197		5,459		−54,157
	8,359	−{	14,832		19,843
	92,384		8,743		−8,298
	11,988		56,078		−92,321
+)	2,743		2,687	+)	8,276

(18) 576×471＝

(19) 6,052×213＝

(20) 0.016896÷0.06＝

(21) 769,920÷200＝

(22)
```
         2,785.37
        47,606.54
       354,893.68
       935,546.43
        89,237.85
         3,958.13
           476.69
+)      22,742.91
```

(23)
```
          78,359.64
        ┌    578.39
        │    646.25
        │    485.78
      − │    932.47
        │    864.52
        │    793.83
        └    129.64
```

(24) $57.82 \times 6.394 =$

(25) $4,039 \times 2,653 =$

(26) $0.8635 \times 46.88 =$

(27) $7,844 \times 36.36 =$

(28) $29,005,500 \div 7,625 =$

(29) $27.743904 \div 0.5319 =$

(30) $23.427612 \div 39.87 =$

(31) $80,360.55 \div 8.306 =$

(32)
```
           9,632
          58,764
         −47,598
          −9,875
       1,326,489
        −872,557
         −35,643
+)         2,486
```

(33)
```
           5,722.89
         −   357.26
         − 2,468.35
          23,649.47
      −  − 8,296.58
         − 4,825.74
             384.96
         − 2,731.69
```

(34) $2,785 \times 5,316 =$

(35) $6,208 \times 9,997 =$

(36) $56.37 \times 94.03 =$

(37) $0.4343 \times 57.26 =$

(38) $8.068 \times 0.03149 =$

(39) $38.96 \times 1.006 =$

(40) $128,509.98 \div 99.93 =$

(41) $6.132736 \div 59.89 =$

(42) $216.53986 \div 2,654 =$

(43) $827.8984 \div 0.1004 =$

(44) $16.351396 \div 4.507 =$

(45) $15,202,132 \div 6,458 =$

| 分号 | 7-7 |
| 总号 | 231 |

四则练习题七

班级_____
姓名_____
学号_____

（乘除法要求精确到 0.0001，以下四舍五入）

```
(1)        25,783       (2)      287,534      (3)        5,714
          613,578              ⎧  2,531                896,326
            2,419              ⎪ 40,896               − 64,253
           34,057           − ⎨  5,784                  8,913
            5,942              ⎪ 69,427               − 2,788
      +)  870,531              ⎩  8,945           +) − 73,209
```

(4) 876×432＝   (5) 943×298＝

(6) 215,264÷4＝   (7) 19,245÷5＝

```
(8)       415,267      (9)     653,198      (10)      26,531
           26,533             ⎧ 45,032               − 9,624
            8,726             ⎪  8,926              − 14,098
           53,494           − ⎨  9,754               853,987
          629,659             ⎪ 66,829              − 85,246
     +)     7,208             ⎩  2,675         +)     7,363
```

(11) 9.814×57＝   (12) 24.85×3.05＝

(13) 22.944÷6＝   (14) 7,590÷20＝

```
(15)        3,754      (16)     185,736     (17)     267,832
          254,189             ⎧  6,928                6,125
           62,638             ⎪  4,713              − 78,439
            5,783             ⎨ 19,269              −  7,548
          839,265             ⎪  5,847                2,957
            6,103             ⎪ 26,385              − 98,367
     +)    41,296             ⎩  9,458         +)     1,256
```

(18) 60.783×0.84＝   (19) 157.82×0.0871＝

(20) 1.9737÷300＝   (21) 2.5256÷0.08＝

(22)
```
        748,613
         26,598
          4,127
         37,479
        598,734
          2,956
         43,265
+)      886,382
```

(23)
```
      3,716,852
        -96,487
       -357,695
          2,467
        -45,936
        124,307
         -9,764
+)      -78,549
```

(24) 8,326×7,519=

(25) 3,578×2,954=

(26) 71,874,368÷8,432=

(27) 2,993.6024÷5,674=

(28) 0.6718×52.45=

(29) 79.82×5.746=

(30) 970.3525÷18.25=

(31) 1.8238352÷0.2768=

(32)
```
       5,984.36
      87,612.29
      -6,857.38
        -466.57
          28.05
      -9,749.83
        -675.42
+)     3,254.91
```

(33)
```
     483,295.73
       8,426.87
      37,651.34
       5,987.26
      96,532.59
       4,319.65
      49,875.32
       2,604.98
```
(with −{ bracket grouping the lower seven numbers)

(34) 28.39×0.5087=

(35) 93,709.55÷3,685=

(36) 578.3×26.54=

(37) 315.51252÷87.96=

(38) 0.3452×7,496=

(39) 149.30328÷253.4=

(40) 8,574×5,631=

(41) 10.328352÷0.1084=

(42) 6.989×96.93=

(43) 39,607,998÷7,493=

(44) 1,038×4,785=

(45) 0.13170248÷0.04108=

四则练习题八

（乘除法要求精确到 0.0001，以下四舍五入）

(1)	37,648	(2)	389,576	(3)	576,312
	598,067		2,679		−89,578
	2,495		38,954		1,499
	87,532	−{	3,428		−124,578
	7,485		57,217		−99,342
+)	266,349		214,572	+)	6,123

(4) $53.26 \times 8.796 =$

(5) $0.4724 \times 99.36 =$

(6) $69.3884 \div 82 =$

(7) $29,902.2 \div 5.7 =$

(8)	128,957	(9)	146,789	(10)	29,574
	4,738		3,577		181,352
	29,515		21,832		−19,265
	9,249	−{	7,318		−8,579
	387,106		14,129		34,326
+)	54,635		1,732	+)	−5,417

(11) $7,316 \times 2,638 =$

(12) $9,034 \times 6,875 =$

(13) $1.98822 \div 0.78 =$

(14) $246.624 \div 480 =$

(15)	3,257	(16)	2,764,532	(17)	4,785
	89,743		89,547		226,597
	267,529		572,699		−98,976
	38,614	−{	37,268		81,465
	2,938		496,326		−174,018
	857,696		55,087		−26,981
+)	95,475		957,312	+)	9,532

(18) $6.239 \times 0.1034 =$

(19) $9,536 \times 8,157 =$

(20) $2.13948 \div 36 =$

(21) $365.954 \div 6.7 =$

(22)
```
      2,593
     54,086
     36,419
      5,924
     49,835
      3,268
     91,752
 +)   8,677
```

(23)
```
    371,854
   ┌  9,678
   │  5,427
   │  3,749
 − ┤  6,362
   │  8,296
   │  2,583
   └  7,935
```

(24) 0.879×23.40＝

(25) 7,632×459＝

(26) 4.782×0.039＝

(27) 58.25×6.74＝

(28) 0.0021056÷0.4＝

(29) 1,709,700÷60＝

(30) 711.80÷200＝

(31) 536.76÷0.09＝

(32)
```
     85,302
    − 6,759
    −39,268
    108,625
    −74,596
      9,873
    −25,347
 +) 470,982
```

(33)
```
      6,529
    309,842
    −57,267
    − 5,983
    −28,439
     23,574
    −59,458
 +)   2,696
```

(34) 9.852×4.57＝

(35) 37.88×0.59＝

(36) 35.08×0.0296＝

(37) 0.8327×10.25＝

(38) 5,747×0.936＝

(39) 4.209×8.32＝

(40) 0.39145÷0.05＝

(41) 4,235.20÷800＝

(42) 29,958÷3＝

(43) 269.76÷0.04＝

(44) 418,740÷70＝

(45) 0.003537÷0.6＝

四则练习题九

分号	7-9
总号	233

班级_____
姓名_____
学号_____

（乘除法要求精确到 0.0001，以下四舍五入）

```
(1)        46,738      (2)   2,783,512      (3)      487,263
          578,624            79,814                 −98,672
           88,432            55,629                 −85,467
        7,632,184       −{  387,538                   1,324
            5,479           662,093                −132,583
      +)  267,325            87,485              +)  43,196
```

(4) 7,824×3,956＝　　　　　　　　　　（5) 5.417×63.98＝

(6) 8.2404÷378＝　　　　　　　　　　（7) 356.0104÷8.56＝

```
(8)      1,724,833     (9)   4,624,877     (10)     14,876
           257,624           369,534              −9,657
            83,619            85,296             267,329
           538,945       −{  698,419             −86,934
            84,296            37,658             −54,267
       +)    7,953           973,109          +)   5,422
```

(11) 0.07813×25.46＝　　　　　　　　（12) 4,908×3,782＝

(13) 27.14877÷0.831＝　　　　　　　　（14) 3.92751÷76.5＝

```
(15)       232,678    (16)     898,357    (17)     597,834
            41,532             26,498              2,667
         9,831,211              3,519            −59,378
             6,845        −{  237,624           −235,496
            57,109             54,963             36,542
            48,396              8,285            −98,155
       +)  173,627             95,746         +)  15,789
```

(18) 962.4×52.18＝　　　　　　　　　（19) 0.3029×1.207＝

(20) 15,938.34÷779＝　　　　　　　　（21) 4,400,396÷5.39＝

(22)   39,852
       624,378
        45,626
       359,543
        87,495
       832,967
        68,274
    +) 576,129

(23)   726,892
      ⎰ 47,658
      ⎮ 39,523
      ⎮ 85,319
    − ⎨ 14,267
      ⎮ 98,485
      ⎮ 27,841
      ⎱ 62,976

(24) 6,783×9,989=

(25) 5.627×23.67=

(26) 26.54×4.718=

(27) 0.7819×10.03=

(28) 95.719÷370=

(29) 46,570.76÷5.71=

(30) 33.77781÷0.891=

(31) 0.164008÷76=

(32)   357,044
       −86,576
       −95,417
       130,859
        −2,938
       −64,295
         9,384
    +) −11,969

(33)   52,238
        139,762
        −85,429
         −7,853
        246,375
        −94,907
         −8,534
     +) 24,646

(34) 378.2×978=

(35) 4,163×89.72=

(36) 5.698×45.71=

(37) 6.507×992=

(38) 0.2036×1.094=

(39) 58.79×29.29=

(40) 161,407.20÷65.40=

(41) 0.202076÷49=

(42) 94,914.50÷10.30=

(43) 1,097.928÷0.276=

(44) 1.471059÷7.11=

(45) 57.92038÷9.94=

四则练习题十

（乘除法要求精确到 0.0001，以下四舍五入）

(1)	51,346	(2)	9,325,187	(3)	372,548
	8,962		578,296		−6,957
	397,658		54,832		94,324
	43,597	− {	819,575		−298,562
	326,109		63,948		−5,419
+)	7,425		742,364	+)	13,786

(4) 3,675×2,899＝   (5) 8,967×9,797＝

(6) 10,662,345÷3,785＝   (7) 440.92928÷5.632＝

(8)	854,276	(9)	6,298,356	(10)	3,029
	49,825		89,498		5,678,971
	2,785,364		17,637		−852,498
	228,539	− {	352,175		−26,534
	3,598		876,049		9,283
+)	987,352		23,583	+)	−87,465

(11) 62.54×1.003＝   (12) 5.269×0.2917＝

(13) 40.493409÷78.43＝   (14) 1.7688704÷0.8129＝

(15)	191,347	(16)	789,644	(17)	278,362
	2,608,596		57,967		2,487
	27,853		3,875		−86,596
	336,425	− {	314,598		−9,853
	8,719		26,329		1,229
	52,284		5,283		−11,378
+)	614,932		96,416	+)	50,764

(18) 0.4826×63.04＝   (19) 9,324×5,715＝

(20) 16.882112÷267.8＝   (21) 135,128.28÷4,802＝

(22)
```
        48,329
         5,734
       953,257
        36,598
        47,485
       576,642
        69,814
+)       2,066
```

(23)
```
                81,395.02
              ⎧   287.59
              ⎪   354.36
              ⎪   946.28
       −⎨   578.67
              ⎪   732.95
              ⎪   863.74
              ⎩   609.13
```

(24) 57.84×3.655＝

(25) 6,424×7,083＝

(26) 0.4398×84.84＝

(27) 94.95×10.63＝

(28) 193.5351÷5.19＝

(29) 130,494÷95.60＝

(30) 21.13816÷20.17＝

(31) 0.37844008÷7.162＝

(32)
```
         3,248
       267,594
       −85,329
      −178,087
        24,956
        −7,435
       −10,872
+)       5,763
```

(33)
```
         327.81
         −54.78
        −216.29
       3,495.67
         109.53
        −983.15
         −48.31
+)      −262.96
```

(34) 0.7303×99.87＝

(35) 83.17×2.539＝

(36) 54.28×6.502＝

(37) 0.4774×58.75＝

(38) 20.96×34.75＝

(39) 97.66×0.1009＝

(40) 222.29088÷34.82＝

(41) 1.27818÷405＝

(42) 35.5212÷108＝

(43) 63,252.21÷8.39＝

(44) 419.02822÷6.271＝

(45) 87,436.70÷2,678＝

第 八 部 分

珠算技术等级鉴定模拟题

在前七个部分中,我们由浅渐深,做了大量的练习。为了使大家了解自己目前已经达到水平,我们在这一部分向大家介绍《全国珠算技术等级鉴定标准》,并附上两套相应的练习题。

《全国珠算技术等级鉴定标准》是在原试行草案的基础上,由1983年7月长春会议推选的代表起草,经1984年1月上海会议组织专门小组认真修改,再分请有经验的专家反复推敲,在1984年3月武汉会议上,经第十六次常务理事会讨论通过,批准在全国范围内试行。

《全国珠算技术等级鉴定标准》的等级确定为两等十二级,即能手级六级,普通级六级。本书根据财经院校珠算教学的实际,主要介绍普通级别练习。

在本部分中,为便于大家练习,按照标准,我们给出了普通级1~6各级的相应模拟练习题,供读者自行测试熟练的水平。

普通六级　　加减算

限时10分钟

一	二	三	四	五
7,851	87	257	5,730	92
30	590	69	−982	185
943	1,423	501	69	6,740
27	78	6,814	−18	−216
6,594	691	72	7,901	73
39	5,104	8,947	25	8,509
165	26	630	−346	−30
72	940	38	81	−482
8,340	15	1,725	7,042	17
390	3,562	90	−647	9,346
26	270	374	98	23
8,245	78	82	1,534	−570
13	31	9,436	−50	8,154
709	8,469	71	263	−96

六	七	八	九	十
186	6,842	37	298	7,065
3,460	985	73	19	−81
29	4,062	916	−89	249
517	50	18	3,647	30
82	726	726	12	372
6,930	29	80	736	1,465
91	875	5,349	50	−107
768	5,394	617	5,084	98
50	340	59	−521	−8,964
2,349	62	1,240	−9,473	−23
53	18	916	−67	160
826	3,407	71	821	72
79	657	8,453	−50	8,549
1,405	92	20	4,369	−53

| 分号 8-2 总号 236 | | 普通六级　　加减算 | | 班级＿＿＿＿
姓名＿＿＿＿
学号＿＿＿＿ |

限时 10 分钟

一	二	三	四	五
5,639	65	350	3,518	70
84	837	78	−760	963
721	9,201	389	47	4,528
50	59	4,692	−96	−409
4,362	479	50	8,975	51
17	3,982	6,825	30	6,387
943	40	841	−421	−81
50	728	16	69	−260
8,216	93	9,503	5,280	95
817	3,140	87	−425	7,924
40	805	125	76	10
6,023	521	60	9,312	−358
19	91	7,214	−83	6,932
587	6,247	39	401	−74

六	七	八	九	十
964	4,620	15	706	5,834
1,248	51	763	−67	−69
70	794	8,240	89	270
395	38	96	4,251	81
60	4,869	504	90	150
4,812	70	68	514	9,243
79	653	3,127	38	−895
546	3,172	495	3,862	76
83	821	37	−903	−6,742
2,701	30	9,820	−7,251	−91
31	96	794	−45	948
604	1,285	59	609	50
57	439	6,231	−83	6,327
9,283	70	80	4,127	−31

普通六级　　乘算

限时 5 分钟

一	138×39=	六	28×76=
二	89×604=	七	89×25=
三	35×165=	八	706×94=
四	605×68=	九	53×36=
五	74×609=	十	37×41=

普通六级　　除算

限时 5 分钟

一	4,588÷62=	六	2,759÷31=
二	2,380÷35=	七	5,220÷60=
三	6,000÷80=	八	2,444÷94=
四	798÷38=	九	3,570÷42=
五	2,829÷69=	十	7,189÷91=

注：保留小数二位，以下四舍五入。

分号	8-4
总号	238

普通六级　　乘算

班级＿＿＿＿
姓名＿＿＿＿
学号＿＿＿＿

限时 5 分钟

一	136×43＝	六	26×85＝
二	94×608＝	七	83×54＝
三	32×174＝	八	703×92＝
四	629×53＝	九	45×23＝
五	68×704＝	十	34×75＝

普通六级　　除算

限时 5 分钟

一	1,242÷27＝	六	784÷16＝
二	3,780÷54＝	七	6,020÷86＝
三	2,774÷73＝	八	3,990÷95＝
四	3,393÷39＝	九	1,755÷27＝
五	1,134÷63＝	十	7,154÷98＝

注：保留小数二位，以下四舍五入。

分号	8-5
总号	239

普通五级　　加减算

班级＿＿＿＿＿＿
姓名＿＿＿＿＿＿
学号＿＿＿＿＿＿

限时 10 分钟

一	二	三	四	五
4,628	695	8,259	735	5,380
589	3,120	706	4,012	－197
846	487	314	－641	476
3,902	741	7,825	583	9,824
624	8,296	957	－927	－530
907	503	6,430	8,206	619
2,075	928	168	154	－5,260
710	4,320	491	619	－783
531	856	746	－3,028	501
9,184	315	5,302	745	6,827
358	6,182	809	9,026	519
426	709	528	813	436
8,093	458	358	517	1,012
165	7,204	963	－5,097	－825
371	916	2,041	－649	493

六	七	八	九	十
675	8,025	496	7,254	539
9,420	607	9,327	－986	208
183	519	805	309	6,214
708	4,826	647	148	－850
4,296	793	158	－5,037	－793
859	1,208	815	692	381
2,631	315	8,024	815	601
137	850	758	9,838	967
471	9,621	195	－461	7,824
928	470	758	9,738	－516
7,306	874	439	－840	－967
631	568	6,302	927	－4,230
450	642	5,280	729	574
8,213	531	714	4,503	708
769	2,097	193	316	9,301

分号	8-6
总号	240

普通五级　　加减算

班级＿＿＿＿＿
姓名＿＿＿＿＿
学号＿＿＿＿＿

限时 10 分钟

一	二	三	四	五
2,081	251	4,815	391	1,946
415	7,968	632	6,078	−753
302	403	970	−207	302
9,568	307	3,481	149	5,480
290	4,852	513	−583	−619
568	619	2,096	4,862	275
6,831	584	724	710	−2,680
376	6,890	507	275	−349
197	132	302	−4,698	167
5,740	971	1,978	301	2,483
814	2,748	465	5,682	175
802	364	184	478	920
4,659	104	703	934	6,738
721	3,860	529	−1,653	−481
397	571	6,907	−205	509

六	七	八	九	十
231	4,691	502	8,312	195
5,086	203	5,983	−542	684
749	175	461	965	2,870
364	4,082	714	−1,693	−416
8,052	359	203	704	−359
197	520	6,829	258	7,018
415	7,864	938	7,186	946
6,920	971	4,680	471	267
903	5,287	751	−207	3,480
584	683	314	5,394	−172
3,961	430	905	−640	−523
297	124	2,968	583	−8,096
610	208	1,846	−385	130
4,879	791	370	1,069	364
325	6,853	759	972	5,927

分号	8-7
总号	241

普通五级　　乘算

班级＿＿＿＿
姓名＿＿＿＿
学号＿＿＿＿

限时 5 分钟

一	802×93＝	六	0.4092×0.62＝
二	24×184＝	七	37×195＝
三	0.529×604＝	八	163×26＝
四	54×893＝	九	403×824＝
五	957×57＝	十	46×8,016＝

普通五级　　除算

限时 5 分钟

一	134.56÷29＝	六	28,196÷38＝
二	4,508÷98＝	七	53,280÷74＝
三	2,125÷25＝	八	36,918÷586＝
四	1,794÷16＝	九	23,868÷306＝
五	1,022÷73＝	十	315,537÷80.7＝

注：保留小数二位，以下四舍五入。

珠算习题集　243

分号	8-8
总号	242

普通五级　　乘算

班级＿＿＿＿
姓名＿＿＿＿
学号＿＿＿＿

限时 5 分钟

一	875×93＝	六	0.8106×0.75＝
二	26×192＝	七	34×165＝
三	0.497×3.89＝	八	142×65＝
四	48×806＝	九	806×347＝
五	561×79＝	十	68×3,875＝

普通五级　　除算

限时 5 分钟

一	130,048÷32＝	六	3.1416÷0.42＝
二	4,608÷96＝	七	3,510÷65＝
三	2,025÷25＝	八	19,712÷308＝
四	2,414÷71＝	九	60,716÷706＝
五	5,244÷76＝	十	3,155.37÷807＝

注：保留小数二位，以下四舍五入。

普通四级　　加减算

限时 10 分钟

一	二	三	四	五
593,642	6,051	14,539	207	8,520
318,475	42,739	702	48,395	−271
69,097	183,604	6,845	741	49,368
25,981	875	72,306	−5,934	683,954
908	5,148	4,768	683,510	−5,472
9,530	26,450	987	826	107
8,176	7,130	830	−1,039	−980
4,190	62,178	7,160	−27,358	7,491
6,239	506	241,396	2,940	−10,538
502	1,247	429	174,046	627
718	895	9,286	567	2,310
247	1,432	740	9,815	56,839
256	701	310,657	269	287
420	4,689	195	−7,462	−6,437
938	325	6,832	−180	910

六	七	八	九	十
78,459	570	852,306	9,416	649,830
620	4,839	749	850,937	−941
4,137	692	978	−4,625	7,586
896	58,160	6,154	270	−50,378
507,341	974	30,817	−859	1,409
9,265	309,248	5,690	165	265
23,980	726	2,763	5,423	−26,437
518	7,510	485	−89,401	872
2,750	891	91,037	638,071	501
754,316	286	8,651	−742	−861
904	71,039	923	8,420	463,965
8,139	523,648	530	−76,013	−9,520
268	4,725	2,641	839	5,130
1,340	5,630	403,218	175	7,394
725	9,314	172	2,396	812

分号 8-10	普通四级　　加减算			班级＿＿＿＿ 姓名＿＿＿＿ 学号＿＿＿＿

限时 10 分钟

一	二	三	四	五
937,086	4,095	58,973	461	2,964
512,918	86,173	416	82,739	−615
30,431	527,048	6,089	185	83,701
69,725	219	16,740	−9,378	207,398
8,102	342	9,582	207,954	−9,806
3,974	60,894	321	260	451
2,510	4,751	274	−5,473	−324
4,358	706,312	4,051	−61,792	1,835
6,073	940	675,730	3,846	−54,972
946	3,681	863	518,470	601
152	239	3,620	901	6,754
681	7,876	185	3,257	908,273
590	145	457,091	603	629
468	8,023	539	−1,806	−8,071
372	679	2,076	−524	687

六	七	八	九	十
12,893	419	296,740	3,850	803,274
−604	8,273	183	429,371	−385
8,571	92,504	312	−8,069	1,920
230	306	5,098	614	−96,712
961,785	318	47,251	−293	609
3,609	643,782	9,034	509	5,843
67,324	160	6,107	9,867	60,871
592	4,591	829	−54,832	867,039
4,916	235	53,471	702,415	965
198,750	620	2,095	−186	−502
348	51,473	368	4,682	245
2,573	967,082	934	−10,457	−3,963
602	8,169	6,985	273	4,157
5,784	9,074	847,652	519	1,738
168	3,758	516	6,730	256

分号	8-11
总号	245

普通四级　　乘算

班级_____
姓名_____
学号_____

限时 5 分钟

一	2,597×39=	六	84×2,389=
二	175×9,807=	七	394×476=
三	0.4618×6.87=	八	9,304×18=
四	52×7,205=	九	278×589=
五	6,507×27=	十	8.3×0.6905=

普通四级　　除算

限时 5 分钟

一	386,496÷549=	六	0.048928÷0.278=
二	218,086÷253=	七	198,198÷549=
三	161,092÷782=	八	21,600÷48=
四	31,878÷154=	九	8,132÷107=
五	81,084÷87=	十	76,285÷803=

注：保留小数二位，以下四舍五入。

分号	8-12
总号	246

普通四级　乘算

限时5分钟

一	1,206×42=	六	82×6,953=
二	143×6,304=	七	417×786=
三	0.7084×457=	八	3,509×432=
四	36×6.582=	九	853×582=
五	3,976×28=	十	8.6×0.6504=

普通四级　除算

限时5分钟

一	361,790÷506=	六	0.174468÷0.938=
二	356,096÷428=	七	89,112÷94=
三	347,229÷941=	八	13,041÷63=
四	318.78÷207=	九	2,726÷58=
五	28,911÷69=	十	62,656÷704=

注：保留小数二位，以下四舍五入。

分号 8-13		普通三级　　加减算		班级_____
总号 247				姓名_____
				学号_____

限时 10 分钟

一	二	三	四	五
58,136	4,071	196	930,478	81,470
709	893,026	7,638	−69,865	593,107
4,872	958	403,852	1,532	−6,932
690,325	57,130	208,367	715	49,286
87,140	4,695	54,971	471,329	−715
917	21,867	1,590	−50,147	2,086
603,598	759	67,235	−2,860	650,384
2,654	316,472	8,564	59,478	925
15,289	65,384	934,802	962	17,539
613	983,240	20,439	736,015	1,247
237,465	6,015	167	14,526	−834,076
8,601	72,418	564,081	−8,134	−29,604
940,185	139	97,326	309	658,341
29,037	69,214	258	283,560	930
52,473	204,397	14,079	−71,943	−72,815

六	七	八	九	十
20.74	635.97	4.09	2,459.38	918.57
9,537.61	12.80	8,513.96	1.07	4,063.72
592.30	8,476.39	43.08	−693.10	6.09
5.82	263.75	7.50	5,426.09	−51.68
463.10	7.18	176.32	−76.85	−809.14
1,941.35	91.04	2,431.85	2.61	728.35
76.08	4,836.51	96.14	958.47	−12.49
9.46	209.46	580.37	−30.52	5.06
308.97	5.02	9,217.03	781.03	423.70
5,724.81	72.38	8.96	−42.95	9,561.37
6.02	1,354.90	674.25	−8,137.49	2.81
854.36	419.81	12.57	1,698.34	−803.42
7,532.14	903.25	4,839.01	7.61	−95.67
19.40	8.67	708.49	530.26	549.32
285.67	6,720.59	123.65	480.62	640.17

珠算习题集

分号	8-14
总号	248

普通三级　　加减算

班级＿＿＿＿　
姓名＿＿＿＿　
学号＿＿＿＿

限时 10 分钟

一	二	三	四	五
70,358	2,693	318	152,690	30,692
921	105,248	9,850	−81,027	7,154
812,547	79,352	240,589	938	61,840
6,094	170	625,047	3,754	−8,154
90,362	6,812	76,192	690,541	−937
139	43,089	3,512	−27,369	4,208
285,710	971	89,457	−4,082	287,506
4,876	358,694	7,086	71,690	147
37,401	87,506	156,024	184	39,751
830	105,462	41,651	958,237	3,469
459,687	2,837	389	36,748	−605,298
8,023	94,620	786,203	−3,056	−41,826
162,307	351	19,548	251	870,563
41,259	81,436	470	450,782	152
71,695	426,509	36,291	−93,164	−94,037

六	七	八	九	十
42.96	857.19	2.61	4,671.50	130.79
1,759.83	34.02	7,305.18	3.29	2,685.94
104.52	6,980.51	64.20	−815.32	8.21
7.04	485.97	9.72	7,649.21	−73.80
685.32	9.30	398.54	−98.07	−2,051.36
3,163.57	13.26	4,653.07	4.83	940.52
98.20	6,058.73	18.36	170.69	−34.61
1.68	241.68	705.29	−25.74	7.28
250.19	7.24	1,439.52	903.25	645.92
7,946.03	94.50	1.08	−64.17	1,783.54
2.84	3,576.12	896.47	−3,590.61	4.03
760.58	631.03	34.79	3,810.56	−205.64
9,754.36	125.47	6,051.23	9.83	−17.89
31.62	8.09	920.61	275.48	7,604.51
407.89	8,942.71	345.87	602.84	268.39

分号	8-15
总号	249

普通三级　乘算

限时 5 分钟

一	964×715=	六	0.587×9.64=
二	4,619×247=	七	936×128=
三	7.3591×7.03=	八	31,528×467=
四	417×3,248=	九	5,142×7,368=
五	634×825=	十	263×748=

普通三级　除算

限时 5 分钟

一	212,457÷429=	六	20,036.54÷527=
二	318,928÷643=	七	182,625÷487=
三	50,664.21÷921=	八	65.472÷0.176=
四	240,536÷856=	九	483,944.4÷53.7=
五	442,134÷726=	十	265,311÷719=

注：保留小数二位，以下四舍五入。

珠算习题集

分 号	8-16
总 号	250

普通三级　　乘算

限时5分钟

一	127×486=	六	0.487×7.36=
二	6,431×205=	七	645×956=
三	51,379×206=	八	698×0.4374=
四	854×6,235=	九	641×39,786=
五	482×523=	十	706×961=

普通三级　　除算

限时5分钟

一	173,952÷453=	六	260,178÷618=
二	163,784÷694=	七	41,712÷237=
三	660,905÷821=	八	126,360÷270=
四	283,664÷608=	九	158,742.81÷2.61=
五	39,639.04÷7.84=	十	332.1428÷0.1507=

注：保留小数二位，以下四舍五入。

一	二	三	四	五
69,837	8,596	506,278	9,476,280	403,726
450,261	7,426,069	4,193	−318,573	9,528,171
7,105	12,374	6,821,054	3,159	−6,583
8,420,593	501,823	79,536	62,037	367,208
516,824	64,781	934,780	930,824	−12,459
39,276	430,275	18,245	5,298	58,031
983,140	3,950	469,827	3,012,576	4,695
1,637	95,168	3,971	47,063	7,031,964
8,290,713	801,524	60,314	−206,139	−709,426
5,039	1,072,496	1,510	−4,390	−940,216
4,615	98,275	8,925,063	8,312,576	82,159
719,286	5,839	652,417	−98,756	3,748
5,039	124,053	46,809	−604,128	57,136
42,768	653,971	7,024	732,159	8,092
678,314	8,204	219,385	5,014	−685,071

六	七	八	九	十
396.48	8,362.09	943.60	50,273.18	7,461.39
61.95	497.86	79.18	68.49	65,902.74
5,802.61	51.47	52,608.43	−4,502.61	35.87
470.26	6,528.79	3,127.96	91.23	−823.56
93,258.74	105.24	60.84	−837.54	1,296.40
503.18	20,356.18	102.74	−1,326.87	47.13
79.43	134.50	3,591.67	56,042.79	918.26
6,192.87	70.43	69,248.05	3,694.05	−7,023.85
720.31	9,682.31	85.71	−78.90	98.30
49,267.71	47.98	769.52	64.37	−417.92
80.34	593.64	3,015.78	8,257.14	8,052.31
7,453.89	87.30	5,620.31	986.05	43,218.65
610.43	20,719.56	93.84	7,152.68	−749.06
9,638.25	1,923.57	748.93	90.32	−6,123.54
390.16	5,218.03	1,062.75	−430.91	79.05

分号	8-18
总号	252

普通二级　加减算

班级＿＿＿＿
姓名＿＿＿＿
学号＿＿＿＿

限时 10 分钟

一	二	三	四	五
36,504	5,263	273,945	4,163,957	710,493
127,938	4,193,736	1,860	−815,240	6,295,841
4,872	89,041	4,598,721	8,026	−3,250
7,519,260	278,590	46,203	39,504	430,975
283,501	31,458	601,457	607,591	−89,126
60,943	107,942	85,912	2,965	25,708
650,897	6,023	136,594	1,895,243	1,362
8,304	62,835	6,048	14,730	7,408,631
5,967,480	578,291	73,081	28,154	−476,190
29,715	7,849,163	9,247	−793,806	−617,983
1,362	65,042	5,692,730	−1,067	59,826
486,953	2,506	321,184	−65,423	4,015
7,206	891,720	13,576	−372,895	24,803
19,438	320,648	7,491	409,826	7,560
345,081	5,971	861,952	2,781	−352,748

六	七	八	九	十
603.15	5,039.37	610.37	72,940.85	4,138.06
83.62	174.53	46.85	35.16	32,679.41
7,529.38	28.14	29,375.10	−1,279.38	20.54
147.93	3,295.46	8,094.63	68.90	−590.23
60,925.41	782.91	70.51	−504.21	8,963.17
270.85	70,923.85	789.43	−8,904.54	14.80
46.10	801.27	1,268.24	23,719.46	685.93
3,869.54	47.10	36,915.72	3,061.72	−7,490.52
597.08	6,358.08	52.48	−485.67	65.07
27,934.27	14.65	436.29	31.04	−814.65
75.02	260.31	7,018.95	5,924.81	5,729.08
4,120.56	54.07	3,927.08	653.72	10,985.32
847.10	79,486.23	60.51	8,429.35	−416.73
6,305.92	8,691.24	415.60	76.09	−3,890.21
609.83	2,985.71	7,839.42	−107.68	46.72

分号	8-19
总号	253

普通二级　　乘算

班级＿＿＿＿
姓名＿＿＿＿
学号＿＿＿＿

限时 5 分钟

一	0.5704×1,382=	六	87.5×0.0726=
二	486×2,398=	七	60.15×0.4672=
三	5,874×8,104=	八	73,026×258=
四	18.95×260.8=	九	286×50,076=
五	8,632×654=	十	5,073×829=

普通二级　　除算

限时 5 分钟

一	21,051,719÷397=	六	1,276,427÷2,621=
二	142,105÷485=	七	362.6168÷38.09=
三	3,571,326÷8,734=	八	278,241÷489=
四	2,834,376÷408=	九	0.547776÷0.3804=
五	941.688÷17.4=	十	84,656÷481=

注：小数保留二位，以下四舍五入。

分号	8-20
总号	254

普通二级　　乘算

限时 5 分钟

一	0.3608×12.57=	六	46.7×0.0875=
二	398×1,938=	七	38.23×0.765=
三	6,745×7,306=	八	61,907×267=
四	14.76×259.7=	九	248×70.569=
五	8.954×385=	十	5,306×695=

普通二级　　除算

限时 5 分钟

一	3,758,277÷659=	六	3,626,819÷2,637=
二	129,560÷328=	七	25,167.21÷659=
三	6,195.786÷708.9=	八	449,121÷529=
四	323,988÷406=	九	0.2221494÷0.6402=
五	953.292÷1.76=	十	46,368÷276=

注：保留小数二位，以下四舍五入。

分号 8-21		普通一级　　加减算		班级_____
总号 255				姓名_____
				学号_____

限时 10 分钟

一	二	三	四	五
576,281	9,370	438,276	40,621,837	8,537,294
9,023,814	482,516	85,729	6,504	−796,031
7,950	50,297,634	6,041	−695,328	81,569
90,356	8,143,927	97,250,674	−83,096	41,082,673
47,218,653	18,765	3,102,956	1,239,175	5,284
384,205	6,208	56,329,407	−405,261	−320,957
67,950	304,659	7,830	9,853	69,320
87,950	76,829,140	1,864,518	76,570	6,148
8,730	60,413	872,943	32,684,109	7,086,451
1,752,486	60,825	72,148,560	−8,421,937	95,742,103
5,291,758	7,512,387	7,126	92,358	−920,537
4,031	54,129,728	9,381	64,029,615	4,391,025
852,710	743,259	612,034	4,786	−58,412,486
3,129,605	695,417	701,647	−146,057	97,064
68,493,217	1,873	57,198	3,891,204	−8,641

六	七	八	九	十
6,982.43	40.13	836.27	70,284.36	972,053.16
50.78	862.79	10.94	−908.65	86,104.29
783,612.54	4,927.86	39,157.06	51.97	−537.84
90,214.75	838,294.01	5,142.80	492,136.80	96.71
314.65	67,832.61	4,720.45	−5,472.13	−3,825.40
5,836.27	3,549.80	783,015.34	−7,694.28	528,460.97
8.04	81.67	92,875.06	216,305.74	17.85
372,653.98	752,936.08	48.39	431.87	642.13
1,452.91	975.64	613.54	95.76	−40,329.68
57,927.13	68.17	842,972.13	−61,280.34	120,583.94
856.39	85,621.65	5,309.78	−9,153.07	−9,167.20
12.86	520.49	72,058.39	608.24	705.39
423,705.18	928,186.86	124.67	512,796.83	67,234.85
834.87	854.86	618,905.43	40,521.37	−5,191.76
90,685.57	41,329.57	62.15	85.09	30.48

| 分号 8-22 总号 256 | 普通一级　　加减算 | 班级＿＿＿＿ 姓名＿＿＿＿ 学号＿＿＿＿ |

限时10分钟

一	二	三	四	五
687,392	8,412	594,387	51,732,948	9,648,305
1,034,925	593,627	96,830	7,615	−807,142
8,061	41,308,745	7,152	−806,439	92,670
10,457	9,254,038	80,361,795	−94,107	52,193,784
28,329,764	92,876	4,213,068	2,340,286	6,395
495,316	7,319	67,430,372	−516,372	−431,068
78,061	415,860	8,941	9,064	70,431
98.41	87,930,251	2,075,638	87,681	2,759
2,863,597	71,524	983,054	43,795,210	8,197,562
20,795	17,936	83,259,671	−9,532,048	60,853,214
6,302,869	4,023,498	12,370	30,469	−301,648
5,166	65,230,846	4,092	85,310,726	5,402,136
963,568	8,574,360	492,145	5,897	−69,520,597
4,230,516	701,528	1,825,756	−257,168	18,175
79,504,328	2,964	68,219	4,902,315	−9,752

六	七	八	九	十
7,032.54	51.24	647.35	81,395.47	803,164.27
61.89	973.80	21.05	−109.76	94,215.20
894,791.65	5,038.97	40,368.14	60.08	−648.95
91,234.10	419,305.90	6,432.90	503,247.91	70.82
405.86	78,123.56	6,831.49	−6,583.24	−4,935.51
6,241.32	4,680.45	894,126.75	−8,705.39	639,571.08
94.15	29.78	30,986.17	237,416.85	28.96
483,765.09	823,407.69	59.40	542.90	753.24
8,563.12	806.45	724.65	60.87	−51,430.79
68,427.80	79.28	951,083.24	−72,391.45	213,694.05
927.80	96,234.76	6,410.89	−2,062.18	−21,078.21
21.87	6,329.50	83,169.40	719.35	816.40
534,980.19	918,167.94	235.78	623,807.94	78,345.96
245.98	965.17	729,016.54	51,632.48	−6,202.87
10,279.45	52,430.68	73.26	96.10	14.59

分号	8-23
总号	257

普通一级　乘算

班级＿＿＿＿
姓名＿＿＿＿
学号＿＿＿＿

限时 5 分钟

一	68,615×3,704=	六	2,687×9,602=
二	9,014×2,743=	七	45.68×4.0176=
三	39,047×81.56=	八	1,358×8,437=
四	63.08×4.093=	九	407.6×0.897=
五	6,267×1,695=	十	587.9×64.83=

普通一级　除算

限时 5 分钟

一	71.5598÷4.87=	六	6,151.83÷8.726=
二	1,526.465÷3.97=	七	11.0657÷0.478=
三	13,742.72÷1,576=	八	1,492.26÷0.38=
四	2,464,893÷927=	九	32,455,686÷50,241=
五	6,402.24÷15.39=	十	6,191.068÷871=

注：保留小数二位，以下四舍五入。

分号	8-24
总号	258

普通一级　　乘算

班级＿＿＿＿＿
姓名＿＿＿＿＿
学号＿＿＿＿＿

限时 5 分钟

一	6,705×4,307=	六	4,987×5,902=
二	4,912×3,247=	七	75.21×5.0167=
三	47,093×16.85=	八	1,723×7,384=
四	6,803×2.3094=	九	708.3×0.8329=
五	2,756×6,195=	十	650.8×59.47=

普通一级　　除算

限时 5 分钟

一	159,738.89÷301=	六	3,003,104÷7,219=
二	2,078,057÷5,483=	七	1,429.74÷0.564=
三	14,025,101÷74.5=	八	8,766.9612÷0.93=
四	2,562.681÷983=	九	531,833.62÷824.05=
五	4,448.288÷416=	十	6,303,451÷8,071=

注：小数保留二位，以下四舍五入。

第九部分

分号 9-1
总号 259

班级＿＿＿＿
姓名＿＿＿＿
学号＿＿＿＿

应用练习题一

要求计算下列银行存款日记帐的逐日余额、本月发生额和月末余额。

银行存款日记帐

××年 月	日	凭证号数	摘　要	收　入	付　出	余　额
						54,498.76
略	略	略	略	8,964.78	14,676.67	
				124.60		
				13,247.74		
					12,471.66	
				424.42	1,253.33	
				2,277.27		
					19,878.78	
				272.33		
				9,786.44		
				177.67		
					9,474.60	
				5,836.22		
				12,544.45		
					7,456.64	
				3,287.78		
					8,866.44	
				4,086.01		
				313.08		
					9,853.36	
				404.88		
					0.78	
					9,256.77	
			本月发生额和月末余额			

分号	9-2
总号	260

应用练习题二

班级＿＿＿＿　姓名＿＿＿＿　学号＿＿＿＿

要求计算下列库存商品盘存单总计金额及各类商品小计金额。

库存商品盘存单

××××年×月30日　　　　　　　　　（第1页）

编号	品名及规格		单位	数量	零售单价	金额
	总　　　计					
	针剂类小计					
略	青霉素	40万单位	瓶	1,428	0.18	
	青霉素	80万单位	瓶	764	0.28	
	硫酸链霉素	100万单位	瓶	522	0.24	
	硫酸链霉素	200万单位	瓶	367	0.38	
	硫酸庆大霉素	10×4万	盒	192	1.30	
	硫酸庆大霉素	10×8万	盒	331	2.10	
	硫酸卡那霉素	50万单位	盒	78	3.60	
	盐酸金霉素	20万单位	瓶/支	1,004	0.21	
	盐酸四环素	25万单位	瓶	306	0.17	
	盐酸四环素	50万单位	瓶	120	0.27	
	维生素 B_1	50mg	盒	761	0.60	
	维生素 B_1	100mg	盒	343	0.70	
	维生素 C	100mg	盒	1,101	0.55	
	维生素 C	500mg	盒	940	0.65	
	维生素 A	2.5万单位	盒	25	0.65	
	氢化可的松	25mg	盒	7	1.25	
	氢化可的松	100mg	盒	31	3.90	
	异烟肼	100mg	盒	87	0.55	
	安络血	5mg	盒	3	0.45	
	仙鹤草素	10mg	盒	1,050	0.55	
	片剂类小计					
	四环素胶丸	1,000×25万单位	瓶	1,040	45.00	
	四环素糖衣片	100×12.5万单位	瓶	3,542	1.80	
	四环素糖衣片	500×25万单位	瓶	367	17.50	
	土霉素糖衣片	100×25万单位	瓶	2,316	3.50	
	土霉素糖衣片	1,000×25万单位	瓶	310	35.00	

库存商品盘存单 (第2页)

编号	品名及规格		单位	数量	零售单价	金额
	氯霉素糖衣片	100×250mg	瓶	1,167	5.50	
	氯霉素糖衣片	500×250mg	瓶	325	27.50	
	长效磺胺片	100×0.5g	瓶	577	3.20	
	长效磺胺片	500×0.5g	瓶	233	16.00	
	维生素 B_1 片	100×5mg	瓶	4,477	0.26	
	维生素 B_1 片	1000×5mg	瓶	397	2.60	
	维生素 C 片	100×50mg	瓶	10,522	0.35	
	维生素 C 片	100×100mg	瓶	6,631	0.65	
	维生素 E 胶丸	100×5mg	瓶	1,108	2.10	
	维生素 E 胶丸	100×10mg	瓶	739	2.76	
	三合维生素片	100's	瓶	867	0.76	
	四合维生素片	100's	瓶	911	1.05	
	烟酸片	100×100mg	瓶	270	1.65	
	甲状腺片	100×0.01g	瓶	1,220	0.23	
	浓维生素 AD 胶丸	100's	瓶	945	0.75	
	参芝维他	30's×2	盒	103	9.87	
	小儿退热片	10's	支	10,471	0.06	
	水 剂 类 小 计					
	维生素 AD 滴剂	50ml	瓶	963	0.63	
	鱼肝油	500ml	瓶	121	2.78	
	乳白鱼肝油	250ml	瓶	98	1.55	
	复方五味子糖浆	500ml	瓶	1,040	1.82	
	蜂乳	100ml	瓶	567	1.70	
	蜂乳	200ml	瓶	372	3.28	
	肥儿灵	100ml	瓶	431	2.00	
	开塞露	20ml	只	2,657	0.24	
	开塞露	10ml	只	1,439	0.13	
	信宁咳	100ml	瓶	761	0.47	
	苏菲咳	100ml	瓶	439	0.42	
	斑马牌眼药水	5ml	支	2,467	0.11	
	卡那霉素眼药水	8ml	支	1,118	0.15	

库存商品盘存单 (第3页)

编号	品名及规格		单位	数量	零售单价	金额
	粉 剂 类 小 计					
	口服链霉素	10克	瓶	377	1.06	
	烟酰胺	25克	瓶	452	3.66	
	烟酰胺	100克	瓶	78	14.10	
	烟酸	25克	瓶	351	2.86	
	丁维钙	200克	袋	673	0.85	
	乳酸钙	500克	包	411	1.15	
	口服葡萄糖	250克	包	250	0.61	
	口服葡萄糖	500克	包	136	1.15	
	维他葡萄糖	250克	袋	174	1.18	
	胃痛粉	100包	包	980	2.50	
	胃可舒	80克	盒	597	0.53	
	胃可舒	500克	瓶	170	2.37	
	乳酶生	500克	瓶	108	2.00	
	胰酶	250克	瓶	91	5.36	
	碳酸钙	500克	包	217	0.90	
	滑石粉	100克	包	337	0.13	
	上海大人痱子粉	70克	袋	421	0.28	
	上海小人痱子粉	70克	袋	456	0.18	
	婴儿润肤粉	80克	盒	660	0.45	
	敷 料 类 小 计					
	药棉	10克	包	750	0.06	
	药棉	100克	包	871	0.46	
	纱布	25克	包	897	0.24	
	纱布	50克	包	490	0.46	
	绷带	3×6	卷	1,021	0.14	
	绷带	6×6	卷	307	0.26	
	胶布	1.2×100	盒	2,140	0.08	
	胶布	2.5×100	盒	1,052	0.14	
	护创胶布	7×6	包	467	0.09	
	止血护创胶布	7×2	块	376	0.03	
	关节止痛膏	7×10	包	851	0.14	
	口罩(12层)	15×20	只	941	0.35	
	口罩(16层)	15×20	只	602	0.45	

| 分号 | 9-3 |
| 总号 | 261 |

应用练习题三

要求计算下列农业收入项目分析表总计金额、小计金额及第5~8各栏金额。⑤、⑥、⑦、⑧栏中，本年实际数低于上年实际数或本年计划数时用"—"号表示。

农业收入项目分析表

××生产队　　　　　　　　19××年度　　　　　　　　金额单位：元

项　目	上年实际数	本年计划数	本年实际数	比上年实际数		比本年计划数	
				金额	%	金额	%
1	2	3	4	$5=4-2$	$6=\frac{5}{2}\times100$	$7=4-3$	$8=\frac{7}{3}\times100$
农业收入总计							
其中：							
一、粮食作物小计							
1. 小麦	3,510	3,700	3,315				
2. 大麦	2,835	3,000	2,595				
3. 早稻	11,505	11,700	12,465				
4. 晚稻	13,050	13,350	14,040				
二、经济作物小计							
1. 棉花	8,715	9,000	9,950				
2. 油菜	4,230	4,500	4,865				
3. 其他	2,700	2,800	2,910				
三、副产品小计							
1. 麦秆	725	800	710				
2. 稻草	1,690	1,820	1,945				
3. 花箕	660	700	760				

应用练习题四

分号 9-4
总号 262

班级 _____
姓名 _____
学号 _____

要求计算应扣工资、应发工资、代扣款项小计、实发工资和合计数。

工 资 单

工号	姓名	月标准工资	应扣工资 事假 天数	应扣工资 事假 金额	应扣工资 病假 天数扣%	应扣工资 病假 金额	加班津贴 天数	加班津贴 金额	副食品津贴	本月应发工资	代扣 互助资金	代扣 教育贷金	代扣 房租	代扣 会费	代扣款项 小计	本月实发工资	盖章
245	华静娟	90.60	3		1	20%		4	12.08	5.00		10.00			0.45			
342	陆慧娟	78.50						3	7.85	5.00		5.00			0.40			
765	李 敏	78.50						4	10.47	5.00		7.00			0.40			
230	张 玫	72.40			3	20%		4	9.65	5.00				3.110.35	0.35			
524	侯 放	66.90	5					4	8.92	5.00		8.00			0.30			
378	赵 萍	57.50						4	7.67	5.00				4.220.35	0.35			
792	王瑞兴	66.90						4	8.92	5.00					0.35			
34	王国华	72.40	2					4	9.65	5.00		10.00			0.20			
15	唐文华	45.00						3	4.50	5.00					0.20			
13	厉 勉	39.00						4	5.20	5.00		6.00			0.35			
621	王开发	72.40						4	9.65	5.00				5.270.25	0.30			
28	陈连君	62.20						3	6.22	5.00			3.00		0.25			
906	钟 佩	53.00			2	30%		4	7.07	5.00				3.180.30	0.30			
854	徐小珠	62.20						4	8.29	5.00			3.00		0.20			
379	周雅琴	45.00						4	6.00	5.00					0.20			
28	孟 萍	51.00								5.00				4.220.25	0.25			
813	王 谷	80.30								5.00		8.00			0.40			
707	陈文华	80.30								5.00				5.810.40	0.40			
632	吴 欣	97.00								5.00		9.00			0.45			
77	夏 奇	66.00	1			40%				5.00		7.00			0.30			
	合计																	

说明：日工资＝月标准工资/30天

分号 9-5
总号 263

班级 _____
姓名 _____
学号 _____

应用练习题五

要求计算 3~6，9~12 各栏金额及合计数。

产品销售利润明细表

企业名称：××钢厂　　　　　19××年度　　　　　金额单位：元

行次	产品名称	计量单位	本年实际销售数量 1	销售收入 单位售价 2	销售收入 金额 3=1×2	销售税金 单位税金 4=5÷1	销售税金 金额 5=3×8%	销售工厂成本 单位成本 6=7÷1	销售工厂成本 金额 7	销售费用 单位费用 8	销售费用 金额 9=8×1	销售利润 单位利润 10=2-4-6-8	销售利润 金额 11=3-5-7-9	产品销售利润率% 12=11/3
1	元钢	吨	2,230	523					594,807.90	67.99				
2	扁钢	吨	3,155	541					870,496.05	70.33				
3	槽钢	吨	4,247	547					1,184,785.59	71.11				
4	螺纹钢	吨	1,260	552					354,715.20	71.76				
5	角钢	吨	780	478					190,148.40	62.14				
6	方钢	吨	234	464					55,373.76	60.32				
7	盘条	吨	5,531	395					1,114,219.95	51.35				
8	元	吨	277	588					83,066.76	76.44				
9	普通焊接管	吨	1,830	787					734,507.10	102.31				
10	优质焊接管	吨	1,344	865					592,905.60	112.45				
11	普通无缝管	吨	4,076	1,410					2,931,051.60	183.30				
12	优质无缝管	吨	135	1,670					114,979.50	217.10				
13	普质薄钢板	吨	2,236	724					825,620.64	94.12				
14	优质薄钢板	吨	4,849	850					2,102,041.50	110.50				
15	中板	吨	14,653	628					4,693,062.84	81.64				
16	造船板	吨	3,107	736					1,166,243.52	95.68				
17	钢炉板	吨	896	851					388,872.96	110.63				
18	镀锌板	吨	252	1,140					146,512.80	148.20				
19	不锈钢板	吨	167	9,560					814,225.20	1,242.80				
20	钛板	吨	36	12,670					232,621.20	1,647.10				
21	合计